·高等学校计算机基础教育教材精选·

C++程序设计(第2版)

李龙澍 编著

清华大学出版社
北京

内 容 简 介

本书系统地讲述了C++语言的基本概念和编程方法,首先介绍C++的基本表达式、基本语句和函数,接着阐述面向对象的基本概念和类、对象的设计方法,然后讲述C++程序设计的继承、多态和输入输出结构,最后通过实际例子阐明C++程序设计方法和技巧。

本书针对我国计算机程序设计教育的特点,重点放在让读者掌握分析问题和解决问题的方法上,力求将复杂的概念用简洁的语言描述出来,让读者学会用C++语言编写实际应用程序。本书内容丰富、结构合理、语言流畅,融趣味性与科学性于一体,同时配有大量习题和实训题目,读者可通过学习本书的配套用书《C++程序设计实训(第2版)》,加深对本书的理解。

本书适合作为大学各专业程序设计语言课程的教材,也可供各类计算机应用人员学习使用。

本书封面贴有清华大学出版社防伪标签,无标签者不得销售。
版权所有,侵权必究。举报: 010-62782989, beiqinquan@tup.tsinghua.edu.cn。

图书在版编目(CIP)数据

C++程序设计/李龙澍编著. —2版. —北京:清华大学出版社,2008.11(2023.8重印)
(高等学校计算机基础教育教材精选)
ISBN 978-7-302-18462-1

Ⅰ. C… Ⅱ. 李… Ⅲ. C语言-程序设计 Ⅳ. TP312

中国版本图书馆 CIP 数据核字(2008)第 132831 号

责任编辑:张　民　顾　冰
责任校对:白　蕾
责任印制:宋　林

出版发行:清华大学出版社
　　　　网　　址:http://www.tup.com.cn, http://www.wqbook.com
　　　　地　　址:北京清华大学学研大厦 A 座　　邮　编:100084
　　　　社 总 机:010-83470000　　邮　购:010-62786544
　　　　投稿与读者服务:010-62776969, c-service@tup.tsinghua.edu.cn
　　　　质 量 反 馈:010-62772015, zhiliang@tup.tsinghua.edu.cn
印 装 者:北京九州迅驰传媒文化有限公司
经　　销:全国新华书店
开　　本:185mm×260mm　　印　张:16.5　　字　数:378千字
版　　次:2008 年 11 月第 2 版　　印　次:2023 年 8 月第 11 次印刷
定　　价:35.00 元

产品编号:029944-02

出版说明

在教育部关于高等学校计算机基础教育三层次方案的指导下，我国高等学校的计算机基础教育事业蓬勃发展。经过多年的教学改革与实践，全国很多学校在计算机基础教育这一领域中积累了大量宝贵的经验，取得了许多可喜的成果。

随着科教兴国战略的实施以及社会信息化进程的加快，目前我国的高等教育事业正面临着新的发展机遇，但同时也必须面对新的挑战。这些都对高等学校的计算机基础教育提出了更高的要求。为了适应教学改革的需要，进一步推动我国高等学校计算机基础教育事业的发展，我们在全国各高等学校精心挖掘和遴选了一批经过教学实践检验的优秀教师，编辑出版了这套教材。教材的选题范围涵盖了计算机基础教育的三个层次，面向各高校开设的计算机必修课、选修课，以及与各类专业相结合的计算机课程。

为了保证出版质量，同时更好地适应教学需求，本套教材将采取开放的体系和滚动出版的方式（即成熟一本、出版一本，并保持不断更新），坚持宁缺毋滥的原则，力求反映我国高等学校计算机基础教育的最新成果，使本套丛书无论在技术含量上还是在文字质量上均成为真正的"精选"。

清华大学出版社一直致力于计算机教育用书的出版工作，在计算机基础教育领域出版了许多优秀的教材。本套教材的出版将进一步丰富和扩大我社在这一领域的选题范围、层次和深度，以适应高校计算机基础教育课程层次化、多样化的趋势，从而更好地满足各学校由于条件、师资与生源水平、专业领域等的差异而产生的不同需求。我们热切期望全国广大教师能够积极参与到本套丛书的编写工作中来，把自己的教学成果与全国的同行们分享；同时也欢迎广大读者对本套教材提出宝贵意见，以便我们改进工作，为读者提供更好的服务。

我们的电子邮件地址是 jiaoh@tup.tsinghua.edu.cn。联系人：焦虹。

清华大学出版社

第 2 版前言

随着计算机科学技术的迅猛发展和面向对象技术的日臻完善,《C++程序设计》第1版经过全国各地师生5年教与学的实践,受到了众多读者的好评与鼓励,同时也得到了一些有益的修改建议。为了使本书更好地满足教学的需要,更好地做到思路清晰,通俗易懂,由浅入深,重在实用,更加强调增强学生的实际编程能力,让学生学得会、用得上,我们对部分内容进行了适当的修订。

在教材的修订过程中,作者对C++的知识体系和核心内容再次进行了深入的探讨,综合考虑C++的整体结构和C++初学者的接受能力,为了更加适应读者的学习需求,认真调整了讲授内容和表述方式,主要做了如下几点工作:

(1) 适当调整了讲解内容的难易程度,语句更加通俗易懂,题意和题型同时做到循序渐进、由浅入深,更加适合初学者阅读理解。

(2) 以实用为宗旨,做到多讲常用的内容,少讲罕用的内容,不讲几乎不用的内容,重写了第2章数据类型和表达式、第3章语句和函数、第10章输入流和输出流以及第12章综合应用实例的部分内容。

(3) 案例更加贴近生活,注重提升学生的学习兴趣,适当增加训练强度,修订了部分例题和习题。

(4) 改正了第1版出现的一些错误,删除了一些学生反映难懂的部分,补充了相应的易学内容,使知识点更加完备,又易于学习掌握。

(5) 书中的所有的程序在VC++ 6.0环境下,编译运行通过,便于学生学习。

安徽大学对本书的修订工作从人力物力上给予了大力支持,杨为民参加了本书第2版的修订工作,王书宇参加了本书第2版的第10章输入流和输出流及第12章综合应用实例的重写工作,高莉参加了本书第2版的第2章数据类型和表达式及第3章语句和函数的重写工作,纪霞、徐怡也为本书第2版的修订做了大量的工作。

全国各地的读者对《C++程序设计》第1版给予了高度评价,同时也提出了许多宝贵的意见和建议,对读者的厚爱和无私帮助表示衷心的感谢。我的许多同事和学生,对第2版书稿提出了大量宝贵意见,在此表示衷心的感谢。

一切为了读者,为了一切读者,为了读者一切,是我们的心愿和目标,但是由于作者水平有限,难免出现这样或那样的错误与不足,敬请广大读者不吝赐教。

李龙澍
2008年6月30日于安徽大学

第1版前言

随着信息科学的发展，计算机应用范围越来越广，每一个工作者，都有必要学会使用计算机，最基本的要求就是学会一门计算机语言，C++是当前最流行的一种面向对象程序设计语言，它是在C语言的基础上扩充发展起来的，C++程序设计把数据和关于数据的操作封装在一起，这种解决问题的方法更符合人们的思维习惯，使用C++编制程序更方便，软件维护更容易。

根据多年的教学经验，本书针对学生学习中遇到的问题，反复修正教学内容，总结启发式教学思路，力争让学生学得会，用得上。

本书的特点：思路清晰，重点放在让读者掌握分析问题和解决问题的方法上；通俗易懂，将复杂的概念用读者容易理解的简洁语言描述出来；由浅入深，从最简单的概念开始让读者逐步掌握C++语言的完整体系；重在实用，让读者学完本书后会用C++语言编写实际应用程序。

全书共分12章，第1章C++入门介绍C++的简单概念，讲述应用Visual C++ 6.0编制小程序。第2章数据类型和表达式介绍C++的基本数据类型和基本表达式。第3章语句和函数讲述C++的基本语句和最小程序实体函数。第4章类介绍最基本的面向对象概念类，类是C++的编程基础。第5章对象讲述对象的设计和使用，对象是C++最基本的程序实体。第6章指针和引用讲述指针的定义和使用，讨论引用的定义和使用。第7章继承讲述类之间的继承机制。第8章静态成员和友元介绍静态成员、友元、运算符重载等C++的一些高级编程技巧。第9章多态和虚函数讨论类之间派生中的动态继承问题。第10章输入/输出流介绍C++的基本输入输出机制。第11章模板和异常处理讨论C++的模板使用技巧和异常处理方法。第12章综合应用实例给出实际应用例子。本书的全部例题在Visual C++ 6.0环境下运行通过。读者还可以学习配套的《C++程序设计实训》，加深对本书的理解。

本书是在李龙澍教授的主持下完成的。初稿的第1、4、5章由李龙澍执笔，第2、3章由唐彬执笔，第6、7章由卢冰原执笔，第8、9、11章由杨增光执笔，第10、12章由凌成执笔。全书由李龙澍统一修改后定稿。张霞、杨涛、叶红、庞开放为本书的编写也做了大量的工作。中国科学技术大学刘振安教授、安徽大学程慧霞教授为本书提出了许多建设性的宝贵意见，作者表示衷心感谢。

由于作者水平有限，难免出现一些疏漏和错误，殷切希望读者提出批评建议和修改意见。

作者

2002年9月于安徽大学

目录

第1章 C++入门 ... 1

1.1 什么是C++ ... 1
- 1.1.1 什么是C++程序设计语言 ... 1
- 1.1.2 C++程序开发过程 ... 1

1.2 一个C++程序 ... 3

1.3 C++程序的结构 ... 5
- 1.3.1 主程序 ... 5
- 1.3.2 函数 ... 6
- 1.3.3 输入输出 ... 7
- 1.3.4 头文件 ... 7
- 1.3.5 注释 ... 8

1.4 例题分析和小结 ... 8
- 1.4.1 例题 ... 8
- 1.4.2 解题分析 ... 10
- 1.4.3 小结 ... 11

实训1 编制一个简单C++的程序 ... 12
习题1 ... 12

第2章 数据类型和表达式 ... 14

2.1 词法符号 ... 14
- 2.1.1 标识符 ... 14
- 2.1.2 关键字 ... 15
- 2.1.3 常量 ... 15

2.2 基本数据类型 ... 17
- 2.2.1 基本数据类型 ... 18
- 2.2.2 变量 ... 19

2.3 结构数据类型 ... 21
- 2.3.1 数组 ... 21

2.3.2　结构体类型 ··· 26
　　2.3.3　共用体类型 ··· 28
2.4　表达式 ·· 29
　　2.4.1　算术表达式 ··· 29
　　2.4.2　关系表达式 ··· 31
　　2.4.3　逻辑表达式 ··· 31
　　2.4.4　运算顺序 ··· 32
2.5　例题分析和小结 ·· 34
　　2.5.1　例题 ·· 34
　　2.5.2　解题分析 ··· 38
　　2.5.3　小结 ·· 38
实训 2　标识符和表达式实训 ··· 38
习题 2 ·· 39

第 3 章　语句和函数 ··· 43

3.1　赋值语句 ·· 43
3.2　选择语句 ·· 45
　　3.2.1　条件语句 ··· 45
　　3.2.2　开关语句 ··· 46
3.3　循环语句 ·· 48
　　3.3.1　while 循环语句 ·· 48
　　3.3.2　for 循环语句 ··· 50
　　3.3.3　break 和 continue 语句 ··································· 50
　　3.3.4　多重循环 ··· 51
3.4　函数 ··· 52
　　3.4.1　函数的定义 ··· 52
　　3.4.2　函数的调用 ··· 53
　　3.4.3　函数的传值参数 ·· 57
　　3.4.4　函数的引用参数 ·· 58
　　3.4.5　函数的默认参数 ·· 59
3.5　函数的重载 ··· 60
　　3.5.1　函数参数类型重载 ·· 60
　　3.5.2　函数参数个数重载 ·· 61
3.6　系统函数的调用 ·· 62
3.7　例题分析和小结 ·· 63
　　3.7.1　例题 ·· 63
　　3.7.2　解题分析 ··· 66
　　3.7.3　小结 ·· 66

实训 3　职工信息处理和趣味取球 ································ 66
　　习题 3 ··· 67

第 4 章　面向对象基本概念与类 ································ 71

4.1　面向对象程序设计的基本概念 ······························ 71
　　4.1.1　对象 ··· 71
　　4.1.2　抽象 ··· 73
　　4.1.3　封装 ··· 74
　　4.1.4　继承 ··· 75
　　4.1.5　多态 ··· 76
4.2　类 ··· 77
　　4.2.1　类的定义 ··· 77
　　4.2.2　类的数据成员 ··· 79
　　4.2.3　类的成员函数 ··· 80
　　4.2.4　类成员存取权限 ··· 83
4.3　成员函数重载 ·· 84
4.4　例题分析和小结 ·· 87
　　4.4.1　例题 ··· 87
　　4.4.2　解题分析 ··· 88
　　4.4.3　小结 ··· 88
　　实训 4　建造集合类实训 ·· 89
　　习题 4 ··· 89

第 5 章　对象 ·· 92

5.1　对象的建立和撤销 ·· 92
　　5.1.1　对象的定义 ··· 92
　　5.1.2　构造函数 ··· 95
　　5.1.3　析构函数 ··· 100
5.2　对象的赋值 ·· 103
　　5.2.1　复制构造函数 ··· 103
　　5.2.2　重载赋值运算符 ··· 107
　　5.2.3　修改对象的数据成员 ····································· 108
5.3　例题分析和小结 ·· 110
　　5.3.1　例题 ··· 110
　　5.3.2　解题分析 ··· 111
　　5.3.3　小结 ··· 112
　　实训 5　数组数据处理对象实训 ···································· 112
　　习题 5 ··· 113

第 6 章　指针和引用 ·················· 117

6.1　指针 ·························· 117
6.1.1　指针变量的定义 ············ 117
6.1.2　指针的赋值 ················ 118
6.1.3　对象指针 ·················· 121
6.1.4　this 指针 ·················· 124

6.2　引用 ·························· 125
6.2.1　引用的定义和使用 ·········· 125
6.2.2　引用返回值 ················ 127

6.3　例题分析和小结 ················ 128
6.3.1　例题 ······················ 128
6.3.2　解题分析 ·················· 129
6.3.3　小结 ······················ 129

实训 6　编制一个排序数组类 ·········· 129
习题 6 ······························ 130

第 7 章　继承 ·························· 134

7.1　基类和派生类 ·················· 134
7.1.1　派生类的定义 ·············· 134
7.1.2　继承方式 ·················· 136

7.2　单继承 ························ 137
7.2.1　继承成员的访问权限 ········ 137
7.2.2　构造函数和析构函数 ········ 141
7.2.3　单继承的应用 ·············· 143

7.3　多继承 ························ 145
7.3.1　多继承的概念 ·············· 145
7.3.2　多继承的构造函数 ·········· 146
7.3.3　多继承的应用 ·············· 147

7.4　虚基类 ························ 148
7.4.1　虚基类的定义 ·············· 148
7.4.2　虚基类的构造函数 ·········· 149
7.4.3　虚基类的应用 ·············· 150

7.5　例题分析和小结 ················ 152
7.5.1　例题 ······················ 152
7.5.2　例题分析 ·················· 154
7.5.3　小结 ······················ 154

实训 7　人员类的继承 ················ 155

习题 7 155

第 8 章 静态成员和友元 159

8.1 静态成员 159
  8.1.1 静态成员的定义 159
  8.1.2 静态成员的使用 160

8.2 友元 162
  8.2.1 友元的定义 162
  8.2.2 友元的使用 164

8.3 运算符重载 166
  8.3.1 运算符重载规则 167
  8.3.2 重载为成员函数 167
  8.3.3 重载为友元函数 169

8.4 例题分析和小结 171
  8.4.1 例题 171
  8.4.2 解题分析 175
  8.4.3 小结 175

实训 8 个人所得税计算和运算符重载 175

习题 8 177

第 9 章 多态和虚函数 178

9.1 虚函数 178
  9.1.1 虚函数的定义 178
  9.1.2 纯虚函数 182

9.2 抽象类 183

9.3 多态 185
  9.3.1 多态的概念 186
  9.3.2 多态的应用 186

9.4 例题分析和小结 187
  9.4.1 例题 187
  9.4.2 解题分析 190
  9.4.3 小结 190

实训 9 应用多态设计学生类 190

习题 9 191

第 10 章 输入流和输出流 193

10.1 输入流和输出流的概念 193
  10.1.1 基本概念 193

  10.1.2 输入输出类库 ············ 194
 10.2 输出流 ····················· 195
  10.2.1 基本输出操作 ············ 195
  10.2.2 按指定格式输出数据 ········ 197
 10.3 输入流 ····················· 202
 10.4 文件 ······················ 205
  10.4.1 文件的打开和关闭 ·········· 205
  10.4.2 文件的读写 ·············· 207
  10.4.3 文件的随机读写 ··········· 211
 10.5 例题分析与小结 ················ 214
  10.5.1 例题 ·················· 214
  10.5.2 解题分析 ··············· 216
  10.5.3 小结 ·················· 216
 实训 10 输入流和输出流 ············· 217
 习题 10 ························ 217

第 11 章 模板和异常处理 ················ 220

 11.1 模板 ······················ 220
  11.1.1 模板的定义 ·············· 220
  11.1.2 模板的使用 ·············· 221
 11.2 异常处理 ··················· 223
  11.2.1 异常处理的语法结构 ········· 223
  11.2.2 异常处理的应用 ············ 224
 11.3 例题分析和小结 ················ 225
  11.3.1 例题 ·················· 225
  11.3.2 解题分析 ··············· 227
  11.3.3 小结 ·················· 227
 实训 11 建造数组模板和异常处理 ········ 228
 习题 11 ························ 228

第 12 章 综合应用实例 ················· 231

 12.1 商场员工信息登记系统 ············· 231
  12.1.1 问题的描述 ·············· 231
  12.1.2 类设计 ················· 231
  12.1.3 源代码 ················· 232
 12.2 小结 ······················ 242
 实训 12 仓库商品检查登记管理系统 ······· 243

参考文献 ·························· 244

# 第 1 章 C++入门

为了更好地适应现代信息社会的发展,每一位计算机工作者都有必要学会使用一门计算机程序设计语言。C++语言是当今最流行的一种计算机程序设计语言。

1.1 什么是C++

1.1.1 什么是C++程序设计语言

人们要进行某种游戏,就必须遵循这种游戏的游戏规则。计算机程序设计语言是一种人与计算机交互的游戏规则。要想让计算机完成某种任务,人们必须首先掌握这种交互的游戏规则。计算机是完全按照人们编写的程序进行工作的。计算机程序设计语言是计算机可以认识的语言,人们可以用这种语言描述问题的解决方法和步骤,计算机就可以理解并执行。

计算机语言随着计算机科学的发展而发展,它的每一步发展都是使计算机语言与人类的自然语言更加接近。

在 20 世纪 80 年代以前,人们编写程序是面向过程的,就是把现实生活中的问题,转化成一个个的过程,再把每个过程编写成程序。

到了 20 世纪 80 年代,出现了面向对象的思想,就是把一个事物(或实体)编写一段程序,不要再把它转换成过程,少了个中间环节,也就减少了出错的可能性。

C++是当今最流行的一种面向对象的程序设计语言,它是在 20 世纪 80 年代早期由贝尔实验室开发的一种语言。当时 C 语言已经非常流行,随着问题复杂度的提高和面向对象方法的提出,C 语言显得力不从心,C++是由 C 语言扩展而成的,它继承了 C 语言的优点,又极大地扩充了 C 语言的功能。C++已经在众多应用领域中作为首选程序设计语言,尤其适用于开发中等和大型的计算机应用项目。从开发时间、费用到形成的软件的可重用性、可扩充性、可维护性以及可靠性等方面都显示出C++的优越性。

1.1.2 C++程序开发过程

当编写C++语言程序时,必须遵循C++语言的游戏规则,这个游戏规则包括C++语

言的语法规则和编写程序的操作规范。

世界上有很多种C++语言，比较流行的有 Visual C++（简称VC++）和 Borland C++，它们有一致的语法规则，但有不同的操作规范。为了便于读者的学习，本书选用VC++作为编写C++语言程序的环境。

VC++是开发C++程序的集成开发环境，包括编辑、编译、连接、运行几个环节。如要编写一个命名为 Hello 的程序，其操作流程如图1.1所示。

图 1.1　研制 Visual C++ 程序的过程

1. 编辑

编辑是将写好的C++源程序输入到计算机中，生成磁盘文件的过程。程序的编辑在计算机提供的编辑器中进行。

VC++提供了一个包括编辑、编译、连接、运行于一体的集成开发环境。VC++有一个功能良好的编辑器，主要编辑功能有以下几点。

(1) 定义块：在编辑C++源程序的正文工作区，将鼠标的光标移到要定义块的一端，按下鼠标左键，拖动鼠标到要定义块的另一端，松开鼠标左键，鼠标经过部分变黑，一个块就定义好了。

(2) 移动块：将鼠标的光标放到变黑的块上，按下鼠标左键，拖动鼠标到新的位置，松开鼠标左键，块就移动到了新位置。

(3) 复制块：将鼠标的光标放到变黑的块上，左手按下键盘上的 Ctrl 键，右手按下鼠标左键，拖动鼠标到新的位置，松开鼠标左键，松开 Ctrl 键，块就复制到了新位置。

(4) 删除块：单击键盘上的 Delete 键，定义的块就被删除。

(5) 插入：将光标移动到要插入的位置，输入要插入的字符。录入源程序就是在正文工作区的尾部进行插入。

(6) 保存：选择文件菜单下的保存命令，或单击■按钮。

编辑的C++程序存盘时，自动加上扩展名 cpp，这是C++源程序的默认扩展名。

2. 编译

编辑好的源程序必须编译成机器代码计算机才能执行。编译器是将编辑好的程序转换成二进制机器代码的形式。编译好的机器代码称为目标代码。

C++的编译分以下两大步。

1) 预处理过程

编译器首先编译预处理命令，包括找到预处理文件的位置，打开预处理文件，后面的源程序要用到预处理文件定义的内容。

2) 编译源程序

编译源程序就是将编辑完成的C++源程序翻译成计算机硬件能够认识的目标代码。

编译器的一个重要功能是检查C++源程序的语法结构,就是看看C++源程序是否符合C++语言的程序设计规则。如在程序中将输出流对象cout误写为couth,进行编译后,在VC++用户界面的下端的输出窗口显示:"error C2065:'couth':undeclared identifier",表明couth是一个没有说明的标识符,用鼠标左键双击出错信息,光标就会指到出错的couth程序行。修改后,重新编译,这个错误就没有了。待源程序没有语法错误时,再编译就生成目标代码。目标代码的扩展名为obj。

3. 连接

编译得到的目标代码还不能直接在计算机上运行,必须把目标代码连接成执行文件以后才能运行。如果预处理文件没有错误,连接时就把预处理文件指定的库函数复制到源程序中使用它的地方。执行文件的扩展名是exe。

4. 运行

对于C++源程序经过编译和连接生成的可执行文件。可以在操作系统环境下单独运行,也可以在VC++集成环境下运行。

选择VC++集成环境下的执行当前程序命令,程序就进入运行状态,一般在屏幕上可以看到程序的运行结果,或提示输入数据等信息。

1.2 一个C++程序

要知道C++程序的奥秘,最好先编写一个简单的C++程序。

现在编制一个名为Hello的程序,该程序在屏幕上显示下面三句话:

Hello,World!
你真聪明,你已经会用C++编写程序了!
Bye,朋友!

编写程序就像写文章一样,一篇文章要分成若干段,程序也要分段。每段程序称作是一个模块。Hello程序可以分为两段,显示"Hello,World!你真聪明,你已经会用C++编写程序了!"为一段,显示"Bye,朋友!"为另一段。

按下列步骤进行:

① 运行Visual C++。
② 在File菜单下选择New命令,打开New对话框。
③ 在Projects选项卡中指定下列选项。
 • Projects:Win32 Console Application;
 • Project Name:Hello;
 • Location:指定应用程序的存放位置;
 • Create New Workspace:选中(默认);

- Platforms：Win32 选中(默认)。

设置完成后，单击 OK 按钮。

④ 打开 AppWizard 对话框，在 AppWizard 中，单击 A Simple Application。

⑤ 单击 Finish 按钮，显示 New Project Information 对话框，内容如下：

```
+Simple Win32 Console application.
Main: Hello.cpp
Precompiled Header: Stdafx.h and Stdafx.cpp
```

单击 OK 按钮。

一个新的应用程序创建完成，自动创建了主文件 Hello.cpp，项目还自动创建了预编译头文件 Stdafx.h 和系统设置程序 Stdafx.cpp。

Hello.cpp 的内容为：

```
//Hello.cpp : Defines the entry point for the console application.
#include"stdafx.h"
int main(int argc,char * argv[])
{
    return 0;
}
```

在 Hello.cpp 中，插入写好的程序。最后，完整的 Hello 程序如下：

```
//Hello.cpp : Defines the entry point for the console application.
#include"stdafx.h"
#include<iostream.h>
//函数原型
void SayHello();
void SayGoodbye();
int main(int argc,char * argv[])
{
    SayHello();           //调用 SayHello 函数
                          //输出"Hello,World!"和"你真聪明,你已经会用 C++编写程序了!"
    SayGoodbye();         //调用 SayHello 函数,输出"Bye,朋友!"
    return 0;
}
//函数 SayHello 定义
void SayHello()
//输出"Hello,World!"和"你真聪明,你已经会用 C++编写程序了!"
{
    cout<<"Hello,"<<"World!"<<endl;
    cout<<"你真聪明,你已经会用 C++编写程序了!"<<endl;
}
//函数 SayGoodbye 定义
void SayGoodbye()                           //输出"Bye,朋友!"
```

```
{
    cout<<"Bye,"<<"朋友!"<<endl;
}
```

编辑好的程序称为源程序,C++源程序名的扩展名为 cpp。所以,Hello 源程序名的全称是 Hello.cpp。

1.3　C++程序的结构

用C++语言编写的程序称为C++程序。学习C++程序设计,最好是先从最简单的C++程序 Hello 开始,接触C++程序的最基本结构,然后通过每章的学习,一步一步地了解C++程序的完整结构。

1.3.1　主程序

每个C++语言程序都有一个特殊的函数,它的名字是 main,称为主程序函数,简称主程序(或主函数)。每个C++程序都从主程序 main 开始执行。

下面是 Hello 程序的主程序 main:

```
int main(int argc,char * argv[])
{
    SayHello();           //调用 SayHello 函数
                          //输出"Hello,World!"和"你真聪明,你已经会用C++编写程序了!"
    SayGoodbye();         //调用 SayHello 函数,输出"Bye,朋友!"
    return 0;
}
```

Hello 程序执行的事件序列如下:

① main 开始执行。

② main 调用函数 SayHello。

③ 执行 SayHello 函数,首先打印"Hello,World!",回车换行,接着打印"你真聪明,你已经会用C++编写程序了!",回车换行。

④ 回到 main 函数中。

⑤ 调用 SayGoodbye 函数。

⑥ 执行 SayGoodbye 函数,打印"Bye,朋友!",回车换行。

⑦ 回到 main 函数。

⑧ 执行 return 0 语句,函数返回值 0,程序结束。

在 main 函数中,int argc 和 char * argv[]是 main 函数的参数,main 函数中的参数是C++系统规定的,一般可以省略,main 函数参数的作用本书没有用到,这里不做详细介绍。以后的程序可以省略 main 函数中的参数,改为 main()。

1.3.2 函数

C++程序是由若干个文件组成的,每个文件又是由若干个函数组成的。因此,可以认为C++的程序就是函数串,即由若干个函数组成,函数与函数之间是相对独立的并且是平等的,函数之间可以调用。调用其他函数的函数称为主函数,被其他函数调用的函数称为子函数。一个函数可以既是主函数又是子函数。

在组成一个程序的若干个函数中,必须有一个并且只能有一个是主函数main()。执行程序时,系统先找到主函数,并且从主函数开始执行,其他函数只能通过主函数或被主函数调用的函数进行调用。函数的调用是可以嵌套的,即在一个函数的执行过程中可以调用另外一个函数。

函数要先说明后调用,函数是用函数原型进行说明的,在 Hello 程序中,"void SayHello();"和"void SayGoodbye();"两行是函数原型。它的作用是告诉编译器,这样的函数可以尽管使用,它们会在其他地方定义。

C++程序中的函数可分为两大类,一类是用户自己定义的函数,另一类是系统提供的函数库中的函数。使用系统提供的函数时,可以直接调用,但需要将包含该函数的文件说明为头文件,包含到该程序中。

SayHello 和 SayGoodbye 都是用户定义的函数,下面的语句是它们的定义。

```
void SayHello()
{
    cout<<"Hello,"<<"World!"<<endl;
    cout<<"你真聪明,你已经会用 C++编写程序了!"<<endl;
}
void SayGoodbye()
{
    cout<<"Bye,"<<"朋友!"<<endl;
}
```

在C++程序中,以分号结尾的句子称为语句。例如:

```
cout<<"Hello,"<<"World!"<<endl;
```

分号代表这个语句的结束。

一个C++函数中的任何语句都被括在一对花括号"{"和"}"中,在函数 SayGoodbye()后紧跟一个左花括号"{",表示"这个函数从这里开始",最后的右花括号"}"表示"这个函数到这里结束",花括号括起来的部分称作函数体,而函数名 SayGoodbye 和它后面的一对圆括号()称为函数头。函数体由一系列的C++语句组成。

函数名前面的 void、int 等是函数的类型标识符,规定了函数的返回值类型。void 表示函数不需要返回值。

函数原型说明只需要函数头和分号。函数定义部分的函数头和函数体之间不能有分号。

1.3.3 输入输出

程序是由语句组成的,输入输出语句是C++最基本的语句。例如:

`cout<<"Hello,"<<"World!"<<endl;`

cout是C++语言中的标准输出流对象,就是计算机显示器,而"<<"是cout中的运算符,表示把它后面的参数输出到计算机显示器。在C++中运算符也是函数,是一种特殊的函数。endl表示回车换行。

`cout<<"Bye,"<<"朋友!"<<endl;`

是在计算机显示器上输出"Bye,朋友!",光标回到下一行的开始位置。

cin是C++语言中的标准输入流对象,就是从键盘输入数据。">>"是cin中的运算符,表示从键盘读入数据存放到它后面的参数中。例如:

`cin>>x>>y;`

表示从键盘输入数据,第一个数据存入x中,第二个数据存入y中。

1.3.4 头文件

在C++程序中,常常有#include开头的指令,它是C++使用的预处理指令,称作预处理器,#include包含的文件称作头文件。预处理器是在编译器运行前执行的程序。

C++语言包含头文件的格式有两种。

第一种:

`#include <文件名.扩展名>`

编译器并不是在用户编写程序的当前目录查找,而是在C++系统目录中查找。这种包含方法常用于标准头文件。例如iostream.h、string.h等。

第二种:

`#include "文件名.扩展名"`

这使得编译器首先在用户编写程序的当前目录中查找,然后再在C++系统目录中查找。

在Hello程序中,有两个头文件Stdafx.h和iostream.h。头文件的目的是使用已经定义的函数、类、变量以及其他代码元素。用"<>"将iostream.h括起来表明这个文件是Visual C++系统中的文件。预处理器知道此类文件的位置。如果用双引号""""将文件名括起来,这就说明这个文件是程序员自己编写程序的一部分。Stdafx.h是VC++系统自动生成的文件,定义系统设置。

Hello程序中使用的输出流对象cout是在iostream.h头文件中说明的。

1.3.5 注释

程序中的注释只是为了阅读程序方便,专门给人看的,注释并不增加执行代码的长度,在编译时注释被当做空白行跳过。一个优秀的注释行,对了解和维护软件是非常有用的。

C++语言中有两种书写程序注释的方法。

第一种注释方法是以双字符"/*"开始,并以双字符"*/"结束。它们二者之间的整个序列等价于一个空格字符。对于程序中连续多行注释或处理不想编译的代码,这种方法非常有效。

在C++语言中还有另一种注释方法。双字符"//"表示注释的开始,该注释到它所在行结束处终止,它是单行注释符,在它右侧的任何信息都将被认为是注释而由编译器略去,整个注释序列等价于一个空格字符。这种注释方式多用于较短的程序注释,并为多数程序员优先采用。

在 Hello 程序中,有以下注释语句:

```
//函数原型
//函数 SayGoodbye 定义
//调用 SayHello 函数
//输出"Bye,朋友!"
```

1.4 例题分析和小结

1.4.1 例题

【例 1.1】 编写程序在显示器上显示:

我爱计算机科学!
C++是优秀的面向对象语言!
我喜欢学习 C++。
再见!

可以把程序分为 3 段,"我爱计算机科学!"是第一段,"C++是优秀的面向对象语言!我喜欢学习C++。"是第二段,"再见!"是第三段。

程序如下:

```
#include<iostream.h>
//函数原型说明
void SayLove();
void SayCPP();
void SayBye();
```

```cpp
//主程序
int main()
{
    SayLove();                          //调用 SayLove 函数
    SayCPP();                           //调用 SayCPP 函数
    SayBye();                           //调用 SayBye 函数
}
//函数定义
void SayLove()                          //定义 SayLove 函数
{
    cout<<"我爱计算机科学!"<<endl;
}
void SayCPP()                           //定义 SayCPP 函数
{
    cout<<"C++是优秀的面向对象语言!"<<endl;
    cout<<"我喜欢学习 C++。"<<endl;
}
void SayBye()                           //定义 SayBye 函数
{
    cout<<"再见!"<<endl;
}
```

【例 1.2】 有一个三角形,它的三条边长分别为 6cm、7cm 和 8cm,求三角形的周长。先编写一个已知三角形的三边边长求三角形周长的函数,再用主程序调用这个函数。
程序如下:

```cpp
#include<iostream.h>
//求周长函数原型说明,该函数带有 3 个整型参数
int peri(int,int,int);
//主程序
int main()
{
    cout<<"三角形的三边边长分别为 6cm,7cm,8cm"<<endl;
    cout<<"三角形的周长为"<<peri(6,7,8)<<"cm"<<endl;
}
//peri 函数的定义
int peri(int x,int y,int z)
{
    return(x+y+z);                      //返回计算的三角形周长值
}
```

这个程序的运行结果为:

三角形的三边边长分别为 6cm、7cm、8cm
三角形的周长为 21cm

程序中的 peri(int x,int y,int z)是一个带有三个整型参数的函数,调用 peri 的语句 peri(6,7,8)将 6、7、8 三个数传给 peri 函数,peri 函数再把这三个数相加的和返回给主程序。

1.4.2 解题分析

1. 解题步骤

要编写计算机程序,首先要明确题意,搞清楚要完成什么任务;其次是分析任务的要求,规划怎么按题目的要求完成任务,就是下面要介绍的模块化;接着就可以编写程序、上机调试;最后检查程序的运行结果,分析是否达到了预期目标的要求。解题流程如图 1.2 所示。

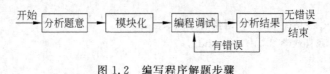

图 1.2　编写程序解题步骤

2. 模块化

编写计算机程序求解一个问题,最基本的思想就是将一个较大的复杂的问题分解成较小的、简单的、容易处理的子问题。模块是较小的相对独立但又内容相关的一块程序。如 C++ 中的函数。模块化就是将大的问题分成相对独立的小问题,形成小模块。

在例 1.1 中,讲的分段就是模块化,把它分成了三个模块。由于例 1.1 问题比较简单,也可以把它分成两个模块,也可以不分模块,直接在主程序中输出。例 1.1 的其他两种解法如下:

程序分为 2 个模块,"我爱计算机科学!"和"C++ 是优秀的面向对象语言!我喜欢学习 C++。"是第一块,"再见!"是第二块。

程序如下:

```
#include<iostream.h>
//函数原型说明
void SayLove();
void SayBye();
//主程序
int main()
{
    SayLove();                        //调用 SayLove 函数
    SayBye();                         //调用 SayBye 函数
}
//函数定义
void SayLove()                        //定义 SayLove 函数
```

```
{
    cout<<"我爱计算机科学!"<<endl;
    cout<<"C++是优秀的面向对象语言!"<<endl;
    cout<<"我喜欢学习 C++。"<<endl;
}
void SayBye()                                    //定义 SayBye 函数
{
    cout<<"再见!"<<endl;
}
```

解决该问题也可以不分模块,只有一段主程序。

```
#include<iostream.h>
//主程序
int main()
{
    cout<<"我爱计算机科学!"<<endl;
    cout<<"C++是优秀的面向对象语言!"<<endl;
    cout<<"我喜欢学习 C++。"<<endl;
    cout<<"再见!"<<endl;
}
```

一个小程序可以不分模块,对于较大的复杂的问题一定要模块化,从现在开始就养成模块化的习惯,对学习C++程序设计和编写实用程序都是有很大好处的。

3. 头文件

头文件是程序的一个重要组成部分,随着C++系统集成环境的发展和完善,系统函数、类、对象等程序块越来越多,能够很好地利用它们是快速编制出高质量程序的关键。

如例 1.1 和例 1.2 中的 #include＜iostream.h＞,包含了 iostream.h 头文件,在 iostream.h 中说明了标准的计算机显示器输出和标准的计算机键盘输入。

4. 注释

注释虽然不影响程序的语义,但注释是程序的一个重要组成部分,不是可有可无的。正确的注释可以帮助程序员阅读程序、理解程序。

如 1.2 节的 Hello 程序,主程序 main 中有下面一段:

```
SayHello();              //调用 SayHello 函数
                         //输出 Hello,World!"和"你真聪明,你已经会用 C++编写程序了!"
SayGoodbye();            //调用 SayHello 函数,输出"Bye,朋友!"
```

一段程序很大的篇幅都是注释,这在程序中是需要的。如果单独看 SayHello()和 SayGoodbye(),就不知道这两个函数是执行什么功能,有了注释以后看起来就清楚了。

1.4.3 小结

本章简要介绍了C++语言程序设计过程,阐述了C++程序的编辑、编译、连接、运行几个环节;以一个小程序 Hello 引出了C++程序的简单结构,讨论了 C++ 程序的主程序、函数、输入输出、头文件、解释等重要部分;最后给出了编写C++程序的一般步骤,并且引入了模块化程序设计思想。

为了便于学习和应用,本书的例题和程序全部在 Visual C++ 6.0 环境下调试通过。通过学习本章的内容后,希望能对C++语言程序设计,具有初步的认识和理解。

实训 1　编制一个简单C++的程序

1. 实训题目

在VC++环境下,编制一个名为 Hello 的程序,该程序在计算机显示器上显示下面的两段话:

(1)

Hello,World!
你真聪明,你已经会用 C++编写程序了!

(2)

Bye,朋友!

2. 实训要求

(1) 学会启动VC++系统。
(2) 学会用VC++编写简单程序。
(3) 编制 Hello 程序。
(4) 调试 Hello 程序。
(5) 运行 Hello 程序。

习　题　1

1.1　指出下面每行程序的作用。

```
#include<iostream.h>
//主程序
int main()
{
    cout<<"您好!"<<endl;
    cout<<"欢迎您使用 C++!"<<endl;
}
```

1.2　C++程序中的注释有什么作用？如何使用C++中的两种注释方法？

1.3　指出下面程序的输出结果。

```
#include<iostream.h>
int main()
{
    cout<<"Hello!"<<endl;
    cout<<"欢迎您,朋友!"<<endl;
}
```

1.4　编制程序输出：

我是一名优秀的程序员。

我喜欢用 C++语言编写程序。

1.5　已知一个四边形的四条边长分别为 5cm、6cm、7cm 和 8cm，编写程序求四边形的周长。

# 第 2 章　数据类型和表达式

现实社会存在着大量数据，人们在数据处理时根据需要将数据分为各种类型，这样便出现了整数、小数、字符等这些数据类型。同样地，当计算机对数据进行处理时，也是将数据分成多种不同的类型，不同类型的数据用不同的处理方法。因此，各种不同的数据类型、它们的运算规则以及表达式是计算机语言的基础。

C++程序设计语言提供了丰富的数据类型及相应的运算表达式。本章首先介绍C++中的符号、常量，然后阐述C++的基本数据类型和结构数据类型，最后说明各种运算规则和表达式。

2.1　词法符号

就像英语文章是由英文字母（构成单词）、空格和标点符号组成的一样，C++程序设计语言也是由一些确定的符号组成，这些字符构成了C++语言的最基本元素。

C++语言的符号（字符集）包括：

(1) 英文字母　A～Z,a～z。

(2) 数字字符　0～9。

(3) 特殊字符　空格、!、#、、%、^、&、*、_、+、=、-、~、<、>、/、\、'、"、.、,、()、[ ]、{}。

像英文中的26个字母可以组成单词，不同单词的用法、意思不同一样，C++的字符也可随意地构成一个个不同的"单词"。根据使用目的的不同，这些"单词"被分为标识符、关键字、符号常量等。下面仅介绍前三种。

2.1.1　标识符

现实社会要表示一个人或一个物体，就给这个人或这个物体起个名字。在C++程序中存在一些实体，如后面将要讲到的变量、函数，程序员同样给它们起个名字。这种实体名字被称为标识符。C++的标识符可以由C++字符集中的字符按照以下的规则构成：

只能由英文字母、数字字符和下划线"_"组成，第一个字符必须是英文字母或下划线。

特别值得注意的是在C++中字母的大写和小写是不同的,完全可以认为它们是不相关的两个符号。

Abc、x1、X1、_x1、x2、x3、desk、books等都是合法的标识符,并且 x1、X1、_x1 是三个不同的标识符。

5you 不是合法的标识符,但 you5、You5、_you5 都是合法的标识符。

另外,有一些C++中的"单词"被C++系统作为专用的字符序列,即关键字。关键字不能当做普通标识符使用。

2.1.2 关键字

关键字是系统定义的特殊名字,是C++语言预先定义的词法符号,不能再由程序员声明作其他用途。它们的意义以后会逐渐介绍,先列举一些C++的常用关键字:auto、break、cause、char、class、const、continue、default、delete、do、double、else、enum、explicit、extern、false、float、for、friend、goto、if、inline、int、long、mutable、namespace、new、operator、private、protected、public、register、return、short、signed、sizeof、static、struct、switch、template、this、throw、true、try、typedef、union、unsigned、virtual、void、while。

上述这些关键字都是C++的保留字,用户不能再对其重新定义。

2.1.3 常量

在程序运行的整个过程中都不会发生变化的量被称为常量。常量的值可直接用符号来表示,这样便于修改并且意义明确。如用 pi 表示圆周率 3.1415926,则看到 pi 就知道表示的是圆周率。如果程序中多处出现该值,或者想提高求解精度,那么只需要在定义处修改此值即可,而不必在程序中出现的每一处都加以修改。定义的方法是在程序的开始处使用语句:

```
#define pi 3.1415926
```

或者在程序中使用语句:

```
const float pi=3.1415926;
```

数据可以分为各种类型,如自然数、整数、实数等,在C++中数据含义要比在数学中广泛得多,分类方法也有所不同,详尽的分类后面会详细介绍,下面介绍作为常量的五种数据类型。

1. 整型常量

整型常量就是以词法符号形式出现的整数,有 3 种表示方式:

(1) 十进制,无其他前缀,如-23、0、23、1327。

(2) 八进制,为了与十进制数相区别,八进制整数以 0 开头,后面跟若干个 0~7 的数字。如 0123,它表示的十进制数为 $1×8^2+2×8+3=83$。

八进制数的一般形式是+或−后跟若干个 0~7 的数。如+026,表示 $2×8+6=22$。

(3) 十六进制,为了与十进制整数和八进制整数相区别,以 0x 开头,后面跟若干个 0~9 及 a~f,a~f 分别表示 10~15。如 0xa51c6,0x8a 都是十六进制数。十六进制数 0x1f3 表示的十进制数为 $1×16^2+15×16+3=499$。

十六进制数的一般的形式是+或−号后跟 0x 再跟若干个 0~9 及 a~f。

2. 实型常量

实数又称为浮点数,有两种表示方式:

(1) 定点数形式,如 3.1415,与平时书写实数的形式相同,不同之处是在 C++ 中小数点前的 0 可以省略,但小数点不可以省略。

下列是合法的定点数形式的 C++ 实数:

  3.1416,2.172828,1356.88,365.25,0.366,0.258,.258,12345.6789

(2) 指数(浮点)形式,在 C++ 中指数形式表示如下:

<数字部分>E<指数部分>

数字部分是实数,指数部分是整数,中间的 E 也可以为小写 e。

如 $2002×10^3$,在 C++ 中记为 2002E3 或 2002e3,表示值为 2 002 000。注意字母 e(或 E)前一定要有数字,其后一定要是整数。e3,2002e,2002e0.3,2e0.25 都是错误的指数形式。

下列是合法的指数形式的 C++ 实数:

  23E4,123E5,123e5,8e9,108E12,5.7862e6,−1E3,−1.23e−12

3. 字符常量

字符常量是用单引号' '括起来的一个字符,一般可显示在屏幕上,如'a'、'B'、'#'、'5'、'7'、'+'等。

还有一种字符常量称作转义字符,是以'\'打头的字符序列,表示'\'其后的字符有特殊的意义。如 '\n'中的 n 不是代表 n,而是代表换行的意思,如输出语句 cout<<"ab",则屏幕显示输出:

ab

即在屏幕的当前行输出 ab。而输出语句 cout<<"a\nb",则屏幕显示输出:

a
b

即在当前行输出 a,然后换行再输出 b。

常见的转义字符如表 2.1 所示。

表 2.1　常见的转义字符

字符常量形式	ASCII 码（十六进制）	功　　能
\n	0a	换行
\t	09	水平制表符
\v	0b	垂直制表符
\b	08	退格
\r	0d	回车
\"	22	双引号
\\	5c	字符"\"
\'	27	单引号
\ddd	d 是八进制数	1~3 位八进制数代表的字符
\xhh	h 是十六进制数	1 或 2 位十六进制数代表的字符

ASCII 码是字符在计算机中的存储编码（即在计算机内用一个整数来表示一个字符），无论该字符是可显示的或不可显示的，均对应有一个 0~127 的整数。ASCII 码中的有些字符在 C++ 中是不能直接输入的，如回车符、换行、响铃等。因此，在 C++ 中对这些特殊字符处理时要通过转义的方式输入。

4. 字符串常量

字符串常量是用双引号""括起来的字符序列。如"abcd"表示一个字符串常量，"计算机科学技术"也表示一个字符串常量。字符串常量与字符常量是两个完全不同的概念，字符串常量是用双引号括起来的若干个字符序列，字符常量是用单引号括起来的单个字符。如"computer"是字符串常量，"A"也是字符串常量，而'A'是字符常量。

字符串常量在计算机里是以'\0'表示一个字符串的结束，这个符号是计算机自动添加的，它只是占一个字节的存储空间，并不显示。

5. 布尔型常量

通常表示真假用布尔常量：false 或 0 表示假，true 或 1 表示真。

2.2　基本数据类型

数据类型的概念是编写程序的基础，著名的计算机科学家沃思认为：

数据结构＋算法＝程序

怎样理解这句话呢？就好像烧菜一样，上式中的数据结构就相当于原料，算法就相当于加工方法，只有原料和加工方法都具备，才能够做成美味可口的佳肴。前面一节所讲到的常量都是 C++ 的基本数据类型，但是，C++ 语言包括了丰富的数据类型，而不仅仅是可以作为常量的五种。首先给出常用的数据类型（如图 2.1 所示），然后在下面两节中详细阐述。

当然,对于C++丰富的数据类型来说,图2.1只是其数据类型的简单分类,例如实型还可再分为短实型float、双精度实型double、长双精度实型long double等类型。

2.2.1 基本数据类型

表2.2列举的是C++中的基本数据类型。

在表2.2中,由于字符型数据在计算机中是以ASCII码的形式存储,故其本质上就是整数类型的一部分,是整数的一个子集,可以被当做整数来进行运算。如"char i=59;"和"int j='Y';"都是合法的。

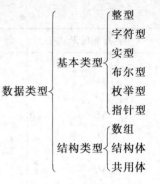

图2.1 常用数据类型

表2.2 C++中的基本数据类型

类 型 名	长度(字节)	取 值 范 围
bool		false, true
char(signed char)	1	$-128\sim 127$
unsigned char	1	$0\sim 255$
short(signed short)	2	$-32\,768\sim 32\,767$
insigned short	2	$0\sim 65\,535$
int(signed int)	4	$-2\,147\,483\,648\sim 2\,147\,483\,647$
unsigned int	4	$0\sim 4\,294\,967\,295$
long(signed long)	4	$-2\,147\,483\,648\sim 2\,147\,483\,647$
unsigned long	4	$0\sim 4\,294\,967\,295$
float	4	$\pm(3.4e-38\sim 3.4e38)$
double	8	$\pm(1.7e-308\sim 1.7e308)$

float、double 分别是单精度和双精度的实型。short 和 long 修饰整型(int)时,表示它们在计算机中的存储长度不同,即所占的字节数不同(字节是计算机中的基本存储单位)。当用 short 或 long 来修饰 int 时,int 可以被省略。long 也可以用来修饰 double。

signed 和 unsigned 这两个修饰符被用来表示有符号或无符号,前者表示一个数是带符号的,常被省略,而后者 unsigned 表示这个数是不带符号的。int 型和 bool 型数据的长度是可变的,在不同的系统中情况不同,这里列出的是在VC++ 6.0中的情况。

无论哪种类型的数据在程序的运行期间,都存放在固定的地方。为了表示这个地方,计算机中用一个整数来表示它,这就是通常所说的地址。指针类型数据的内容就是一个地址,不管什么数据类型的地址都可以用指针来指向它,指针的定义将在2.3节介绍。

数据类型既可以是系统定义的,又可以是用户自定义的。比如在程序中要用到各种颜色,有红(red)、蓝(blue)、白(white)、黑(black)、紫(purple)等,就像系统定义的整数类型是由整数范围内的各个数字组成的一样,可以把各种颜色集合起来,构成颜色这种集合,这样就自定义了一种新的数据类型。采用关键字 enum 打头可以定义上述集合(color),语句 enum color {red,blue,white,black,purple}就定义了新类型 color。color 中的每个元素是有值的:red=0,blue=1,white=2,black=3,purple=4 等,这些值是程序运行时系统赋予的,不能通过赋值语句来改变元素的值。

2.2.2 变量

在程序的运行过程中其值可以改变的量,称为变量。

就像常量是属于某种数据类型一样,变量也具有相应的数据类型。变量在使用之前,首先需要声明其数据类型和名称。即"先定义,后使用"。变量的名称就是一种标识符,因而应该按照前面所说的词法符号的构成规则来给变量起名字。多个相同类型的变量可以分别定义,也可以在同一个声明语句中加以定义(各变量名之间必须用逗号分开)。按照如下的格式定义:

<数据类型><变量名 1>;<数据类型><变量名 2>;…

或

<数据类型><变量名 1>,<变量名 2>,…,<变量名 n>;

例如:

```
char C;                //定义了字符型变量 C
int i,j;               //定义了 i、j 两个整型变量
float x,y,z,MyData;    //定义了 x、y、z、MyData 四个实型变量
```

还可以将赋值语句放在变量的声明语句里,以达到给变量赋初值的目地。下面给出两个合法的赋值语句:

```
int x=2002;            //定义整型变量 x,并且 x 的初值为整数 2002
float f=3.1416;        //定义实型变量 f,并且 f 的初值为实数 3.1416
```

分别声明了一个整型的变量 x 并赋予初值 2002,一个单精度的实型变量 f,并赋给初值 3.1416。

在 C++中,还有另外一种赋初值的方法,比如给整型的变量 i 赋初值 2002,也可以使用如下的语句:

```
int i(2002);
```

在程序的运行期间,系统会为每一个定义过的变量分配一定的内存空间,用于存放该变量的值,因而变量名也就代表了所分配的内存单元。当程序读取变量值的时候,实际上是通过变量名称找到变量所在的内存单元地址,然后从内存单元中读取数据。

每个变量都有一个地址。就好像人们乘车一样,首先要买一张票,同时得到一个座位,座位有相应的编号,同样,在计算机存储区中,每一个字节都有一个编号,这就是计算机中的地址。如果定义了一个变量,系统就会根据该变量的数据类型,分配给它相应长度

的存储空间,变量也就与这一存储空间的地址相对应。如图 2.2 所示,x、y、z 都是实型变量,各占四个字节的存储空间,它们的值分别是 3.14、4.56 和 4.23,而它们的地址分别是 1000、1004 和 1008。

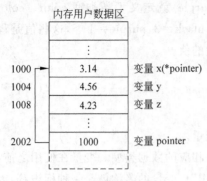

图 2.2 变量的存储结构

一个存储单元的地址与存储单元的内容是完全不同的两个概念。例如图中存储变量 x 的存储单元地址为 1000,然而存储单元的内容是 3.14,即变量 x 的值。

对变量的输入输出都是通过地址来进行的,以输入输出语句为例:

输出语句 cout<<x;的执行过程是,首先系统找到与变量 x 相对应的地址 1000,再从由 1000 开始的四个字节中取出数据,然后把它输出。

输入语句 cin>>x;的执行过程是,取得键盘输入的值,然后送到与变量 x 相对应的存储区从地址 1000 开始的四个字节中。

以上的两个输入输出例子都是"直接的访问方式",即使用变量名访问对应的内存单元,还有一种访问方式称为"间接的访问方式",这种方式需要借助指针,指针是专门用来存放地址的一种特殊变量。指针变量的定义格式为:

<数据类型>*<变量名>;

下面是合法的指针变量定义语句:

int * p1;   //定义整型指针变量 p1
float * p2;   //定义单精度实型指针变量 p2

一次也可以定义多个指针变量:

int * t1, * t2;   //定义 2 个整型指针变量 t1 和 t2

指针变量也可以与普通变量放在一起定义:

float * pointer,data;

上面的语句定义了一个单精度实型的指针变量 pointer 和一个普通变量 data,两者定义的差别在于指针变量名前有"*","*"并不是变量名的一部分。同普通变量一样,指针变量也有数据类型的区别,一个指针变量只能指向数据类型相同的某个变量,如上述定义的单精度实型的指针 pointer 只能指向单精度实型的变量,也就是说只有单精度实型的变量的地址才能够放到 pointer 中。需要注意的是,必须拿同类型的变量的地址赋给指针变量,而不能拿常数赋给一个指针变量,因为那样做是没有任何意义的。

对指针变量的一种运算是取地址运算"&",如图 2.2 所示,赋值表达式 pointer=&x 的意思是将变量 x 的地址放入指针变量 pointer 中;另一个运算"*"是取地址所指存储单元的内容,"*"称为指针运算符,语句 cout<< * pointer 的意思是输出 pointer 所指向的

变量,即 x 的值 3.14,而语句 cout<<pointer 的意思是输出指针变量 pointer 的值,即变量 x 的地址 1000。

2.3 结构数据类型

结构数据类型是将一系列基本数据类型的变量,以不同方式组合在一起构成的新的数据类型。C++中的结构数据类型可分为数组类型、结构体类型和共用体类型,下面将分别予以介绍。

2.3.1 数组

数组是一组具有相同数据结构的有序的数据集合。它用一个统一的名称来表示,占用一片连续的内存空间。数组中的每个元素都有如下特征:

(1) 数组中的每一个元素的数据类型都相同;
(2) 每一个元素在数组中的位置,由数组下标来确定,即由下标来唯一标识数组中的元素序号。

1. 一维数组

定义一维数组的一般格式为:

<数据类型><数组名>[n];

其中 n 是一个常量,"["和"]"是一对方括号,方括号里面的数值表示数组元素的个数,";"是语句结束符。例如 int a[8];

定义了一个数组,int 表示数组元素的类型都是整型,a 是数组名,8 表示数组中有 8 个元素。分别用 a[0],a[1],…,a[7]表示这 8 个整型元素,相当于 8 个整型变量,方括号中 0、1、2、3、4、5、6、7 是 8 个下标。如果有 n 个元素,则下标范围为 0~n-1。

注意 int a(2)与 int a[2]的区别,语句 int a(2)的意思是定义了一个整型变量 a,并赋予初值 2,并不是定义一个数组;int a[2]是定义一个含有 2 个整型元素的数组。

下面是正确的数组类型声明语句:

int a[15];
int x[37];
float Data[1024];

一次也可以声明多个同类型数组:

int a[18],b[26],c[12];   //定义 a、b、c 三个整型数组

同基本类型的变量一样,也可以在定义数组的同时,对数组元素进行初始化,初始化表达式按元素顺序依次写在一对花括号中。

例如，可以把数组定义语句写为：int a[2]={3,5}，这样不仅定义了一个整型数组a，同时将它的两个元素分别初始化为 3 和 5，也就是 a[0]=3,a[1]=5。

在定义时对数组元素进行初始化，既可以对全部的元素赋予初值，也可以只对其中的一部分元素赋予初值。若是对数组的全部元素赋初值，则数组定义语句中的常量表达式就可以省略，编译器会根据初始值的个数自动决定数组的大小。但如果只是给其中一部分数组元素赋初值的话，则常量表达式就不能省略，要指定数组的大小。例如：

```
int a[]={21,42,31,64,53};
```

省略了数组定义中的常量表达式，由花括号中的元素个数，确定它是一个含有 5 个元素的数组，并且 a[0]=21、a[1]=42、a[2]=31、a[3]=64、a[4]=53。语句如下：

```
int a[10]={21,42,31,64,53};           //对数组的部分元素赋初值
```

定义了一个有 10 个整型元素的数组 a，对前面的 5 个数组元素分别赋值为 21、42、31、64 和 53，而后面的 5 个元素未被赋值，它们的初始值均隐含为 0。

2. 二维数组

定义二维数组的一般格式为：

<数据类型><数组名>[m][n];

怎样理解二维数组呢？可以把一个二维数组看做是一个其元素为一维数组的一维数组。例如：

```
float a[2][2];
```

定义了一个二维数组，如图 2.3 所示。

可以把数组 a 看做由 a[0]和 a[1]组成的一个一维数组，而 a[0]和 a[1]又分别是包含两个元素的一维数组。

有必要弄清楚二维数组在计算机中的存储顺序，在 C++中二维数组是按行的顺序存储的，即先存放第一行的元素，再存放第二行的元素，依次类推。同一行内，按列的下标由小到大存放。例如：

```
int a[2][3]
```

其存储的顺序如图 2.4 所示。

图 2.3　二维数组 a　　　　　　　　图 2.4　二维数组的存储顺序

已经学习了使用一维数组的方法，即数组名[下标]表示数组的一个元素。对于二维数组来说，要有两个相应的下标才能表示一个数组元素，这就像在二维坐标平面中，要有

横坐标和纵坐标相应的两个数才能够确定一个点,这里的数组元素就相当于平面上的一个点,需要有两个坐标才能够加以定义。上面 int a[2][3]定义的二维数组的 6 个元素分别为 a[0][0],a[0][1],a[0][2],a[1][0],a[1][1],a[1][2],即二维数组的元素表示形式为

<数组名>[<下标 1>][<下标 2>];

两个下标的取值范围和一维数组一样,都是从 0 开始,而不是从 1 开始。数组中的元素和普通变量的性质是一样的。例如:

```
int x[3][4]                //定义了一个 3 行 4 列的整数数组
float data[25][16]         //定义了一个 25 行 16 列的实数数组
```

二维数组也可以在定义的时候进行初始化,方法与一维数组的初始化基本是类似的,举例说明如下:

```
int a[2][2]={{1,2},{3,4}};
int a[2][2]={1,2,3,4};
```

上面两条语句的功能是一致的,但显然第一条语句要清楚些。如果是只对数组的一部分元素赋初值,则必须使用第一种方法,例如:

```
int a[2][2]={{1}{2,3}}。
```

如果是对全部的元素赋初值,第一维的大小可以省略,编译器会根据初始数据的行数确定第一维的大小,第二维的大小是不可以省略的,例如:

```
int a[][2]={{21,32},
            {53,48},
            {17,26}};          //定义了一个 3 行 2 列的数组
```

【例 2.1】 定义一个 26 行 18 列的二维实数数组。

设数组名为 x,由于数组类型为实型,则数组定义如下:

```
float x[26][18];
```

3. 字符数组

用来存放字符的数组称为字符数组,其中每一个元素存放一个字符。字符以 ASCII 码的形式存储在数组单元中。

定义字符数组的一般格式为:

char<数组名>[常量表达式]

例如 char c[8];//表示定义了一个长度为 8 的字符数组 c。

【例 2.2】 定义一个 256 个字符的数组。

设字符数组名为 a,字符数组定义为:

```
char   a[256];
```

同样可以给一个字符数组赋初值：

```
char a[]="Hey,I am C++";
```

"Hey,I am C++"共有 12 个字符，I am C++ 之间有 2 个空格字符，总共 12 个字符。那么，该数组的长度是多少呢？不是 12，而是 13，因为字符串常量的最后会由系统自动加上一个'\0'字符，表示字符串的结束。因此，数组 a 的长度为 13。字符数组的最后一个元素一定是'\0'，这是由 C++ 规定的。即一个有 25 个元素的字符数组，只能存放 24 个字符。

使用字符数组的元素有两种方法：

（1）一次引用字符数组的一个元素，得到一个字符。

（2）可以把字符数组作为整体进行输入和输出，在系统定义的字符串的处理函数中，是把字符数组当做一个整体来处理的。例如：

```
char a[ ]="boy";
//用输出语句输出 a
cout<<a;
```

则在屏幕显示：boy。

```
char a[10];
```

用输入语句读入一个字符串：cin>>a；输入 girl 后，数组的状态如图 2.5 所示。

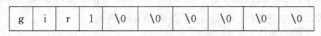

图 2.5　字符数组的示意图

下面介绍一些常用的 C++ 的字符串处理函数 strcat、strcpy 和 strlen。

（1）strcat 函数格式为：

strcat(字符数组 1,字符数组 2)

strcat 函数连接两个字符数组中的字符串，把字符数组 2 表示的字符串接到字符数组 1 表示的字符串的后面，并将结果存放到字符数组 1 中。

【例 2.3】 strcat 函数示例及图示。

strcat 函数示例如下：

```
#include<iostream.h>
#include<string.h>
void main()              //在 VC++中,若不需要主函数 main 返回值,可以设置为 void 类型
{    char a[16]="boy";
     char b[]=" and ";                         //and 的前后各有 1 个空格
     char c[]="girl";
     strcat(a,b);
     strcat(a,c);
```

```
cout<<a;
}
```

则屏幕上显示：

```
boy and girl
```

两次调用 strcat 的过程如图 2.6 所示（由于每次改变的都只是字符数组 a，故只图示出改变后的字符数组 a）。

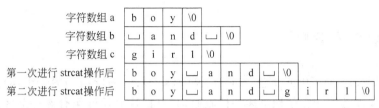

图 2.6 调用 strcat 过程的示意

可以看出两个字符数组连接后，前一个数组的最后一个字符"\0"消失了。另外要注意的问题是存放结果字符串的数组的空间要足够大，如字符数组 a 定义为一个有 16 个字符元素的数组。

(2) strcpy 函数格式为：

strcpy(字符数组 1,字符数组 2)

strcpy 是字符串拷贝函数，将字符数组 2 中的字符复制到字符数组 1 中。要求字符数组 1 必须有存放所有字符的空间。例如：

```
char a[10],b[]="Hello";
```

执行下面的两条语句：

```
strcpy(a,b);
cout<<a;
```

则可以在屏幕上得到：

```
Hello
```

也可以通过下面的两条语句来达到同样的效果：

```
strcpy(a,"Hello");
cout<<a;
```

这就是说字符串 2 可以是字符数组名，也可以是一个字符串常量，但字符数组 1 必须是字符数组名。复制的时候是连同字符数组 2 后面的"\0"一起复制的，否则无法判断数组 a 的字符串何时结束。

(3) strlen 函数格式为：

strlen(字符数组)

strlen()函数用来计算字符串的长度,该函数计算长度时不包括字符串结束符"\0"在内。例如:

```
char a[]="boy"
cout<<strlen(a);
```

则屏幕上显示:

3

2.3.2 结构体类型

一件衣服(dress)可以有颜色(color)、尺码(size)、价格(price)等若干属性,其中任何一个单独的属性都不能完整地描述一件衣服,只有把这些属性组合在一起才能够较准确地描述一件衣服。所以为了能更好地描述客观世界,必须有相应的更复杂的数据结构,下面介绍的结构体类型就是把描述一个物体的各个属性结合到一起,形成一种新的数据类型,用来具体描述一个物体。例如上面所说的衣服(dress),可以定义如下:

```
struct dress {
    char color[10];
    int size;
    float price;
};
```

在这个结构体类型中,struct 是定义结构体类型的关键字,struct dress 表示这是一个结构体类型,结构体类型的名称为 dress。新定义的结构体类型可以和系统定义的类型一样被使用,即 dress 和 int、float 一样,同样是一个类型的名字,它包括成员变量 color、size 和 price。

定义一个结构体类型的一般形式是:

struct<结构体名>{
  <成员列表>
};

成员列表包括若干个:

<数据类型><成员名>;

要注意的是对各个成员都要进行类型说明。

【例 2.4】 定义一个表示时钟的结构体。

需要三个整型数来存储时间,也就是把时钟表示的时间抽象为三个整数分别表示时、分、秒,即时钟的属性。命名这个时钟结构体为 Clock。可以定义为:

```
struct Clock {
    int S,F,M;
};
```

现在已经学会了定义一个结构体类型,那么怎样定义一个属于此类型的变量呢?下面看一个例子。

【例 2.5】 定义 dress 类型的变量。

可以有两种方法定义结构体类型变量。

第一种方法是:

```
dress dress1,dress2;
```

dress1、dress2 为上面已经定义过的 dress 类型的变量,图 2.7 是这两个变量在计算机中的存储示意图(图中的存储数据是随意加的)。

	color1	size	price
dress1	red	34	203
dress2	blue	32	405

图 2.7 dress 类型的变量的示意图

第二种方法是在定义类型的同时定义变量。

```
struct {
    char color[10];
    int size;
    float price;
}dress1,dress2;
```

引用一个结构体变量的成员的方法是:

<结构体变量名>.<成员变量名>

"."称为成员(或分量)运算符。由于成员变量名前有结构体变量名的修饰,因此,即使成员变量名和程序中的别的变量名重名的话,也是没有关系的,系统可以自动区分成员变量和普通变量。

基本类型的变量可以在声明的时候初始化。那么结构体类型的变量在声明的时候也可以初始化。例如:

```
Clock c1={8,48,35}
```

表示声明了时钟变量 c1,并且 c1.S=8,c1.F=48,c1.M=35,就是 8 点 48 分 35 秒。这样就在声明的同时完成了初始化的工作。

数组中的元素也可以是结构体变量,因此在需要的时候,可以定义结构体的数组,这和定义结构体变量的方法相仿,只要说明其为数组即可。例如:

```
dress dressarray[30];
```

定义了一个元素类型为 dress,有 30 个元素的数组 dressarray。

2.3.3 共用体类型

从共用这个名字可以猜知大概是几个变量共用一个内存地址吧,不错,各种类型的变量虽然所占的字节数不同,但可以从同一地址开始存放,显然同一时刻只能存放一个变量,新放入的变量总是把以前的变量给覆盖了,因此只有最后一个放入的变量是有效的。

可以按照如下的形式定义一个共用体类型。

```
union<共用体名>{
    <成员列表>
};
```

共用体变量的定义与结构体变量的定义很相似,只是以关键字 union 代替关键字 struct。它的所有数据成员都开始于同一地址。所有成员不会同时占有这个空间,否则系统将无法分辨它们。编译器仅按其中最大一个成员为它们分配存储空间,而在不同的时刻,只为其中一个成员占有。

【例 2.6】 定义一个共用体及其变量。

程序如下:

```
union example {
    int i;
    char ch;
    double d;
};
example x;
```

也可以将类型的定义和变量的定义放在一起:

```
union example {
    int i;
    char ch;
    double d;
} x;
```

定义了共用体 example 和 example 的变量 x。i、ch、d 是变量 x 的成员。"共用体"与"结构体"相似,但它们的含义是完全不同的。

引用共用体成员的方式是在变量名的后面打点再写上成员的名字。x.i 为引用共用体变量 x 中的整型成员变量 i,x.ch 为引用共用体变量 x 中的字符型成员变量 ch;x.d 为引用共用体变量 x 中的双精度型成员变量 d。

由于有效的值只是最后一个放入的值,故试图做如下的初始化是不正确的。

```
union example x={3,'d',2.4}
```

在计算机中的存储情况如图 2.8 所示。

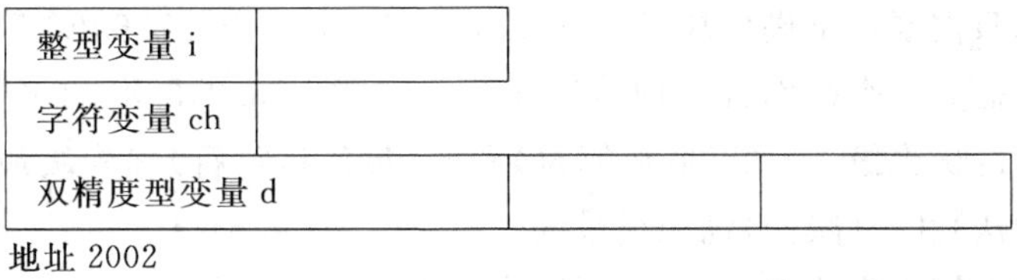

整型变量 i			
字符变量 ch			
双精度型变量 d			

地址 2002

图 2.8　union example 型的变量的示意图

2.4　表　达　式

数据相当于原料,程序设计就是要对数据进行加工和处理,那么怎样进行加工和处理呢？首先要知道各种的运算符,用运算符和括号将操作数连接起来的,这样得到的符合C++语法规则的式子,称为C++表达式。表达式由运算符和操作数组成,运算符指定对操作数进行的运算,通过计算表达式可以得到表达式的值,同时确定它的类型。

例如(3+5)*6就是一个合法的表达式。它是由运算符(如+、*等)、操作数(可以是常量,也可以是变量或函数)和括号组成的,最后求解其值从而得到表达式的值。对于3+5中的运算符"+",可以看出它的前后各有一个操作数,即需要两个操作数,我们称这种类型的运算符为双目运算符。并非所有的运算符都需要两个操作数,有的只要一个,即单目运算符,这在后面将会讲到。

对于表达式3+5*6,知道其运算的顺序是先计算5*6,得到30,再计算3+30,得到33。即运算符是有优先级的,先计算优先级最高的运算,再依次计算优先级较低的运算。但是当两个相邻的运算符的优先级是一致的时候,比如3+4+5,是先计算第一个+,还是先计算第二个+,这就涉及运算符的结合性,即当一个操作数的左右两边运算符的优先级相等的时候,是从左到右计算,还是从右到左计算。运算符"+"是从左到右的,但是并非所有的运算符都是如此。

2.4.1　算术表达式

C++中提供如下一些算术运算符：

(1) +表示"加"或"正"两种运算。6+8表示6和8两个数相加；+365表示365是一个正数,称为正值运算符,一般可以省略。

(2) -表示"减"或"负"两种运算,9-4表示9和4两个数相减；-2002表示2002是一个负值,称为负值运算符。

(3) *表示两个数相乘,如26*138。

(4) /表示两个数相除,如36/3。

(5) %取余数运算,又称为取模运算,也就是取除法的余数,它要求两个运算数均为整型数据。例如11%4=3,35%3=2。

单目运算符只需要一个操作数,例如+35,-276.52,-3.27369E8 等。

双目运算符需要二个操作数,例如 257+12,134.5-76.2,3.2*8.6/1.25 等。

算术运算符的优先级:+(正值运算符)和-(负值运算符)优先级最高;*、/和%优先级次高;+(加法)和-(减法)优先级最低。

如同数学中的算术表达式一样,也可以使用小括号来改变运算次序。

例如 15+3*2=21,而(15+3)*2=36。

另外 C++ 中还有两种运算符:++表示加 1,--表示减 1,它们的优先级和正、负值运算符的优先级是一样的。

【例 2.7】 表达式及运算符的优先级。

程序如下:

```
void main()                            //程序
{    int i=4,j=6,k=8;
     int x;
     x=i+j-k;                          //结果为 2
     cout<<"x="<<x<<endl;              //输出 x=2
     x=i+j*k;                          //结果为 52
     cout<<"x="<<x<<endl;              //输出 x=52
     x=(i+j)*k/2;                      //结果为 40
     cout<<"x="<<x<<endl;              //输出 x=40
     x=25*4/2%j;                       //就是 50%j=50%6,结果为 2
     cout<<"x="<<x<<endl;              //输出 x=2
     cout<<"x="<<(++x)<<endl;          //输出 x=3
     cout<<"x="<<(++x)<<endl;          //输出 x=4
     x=j*k;                            //结果为 48
     --x;                              //结果为 47
     cout<<"x="<<x<<endl;              //输出 x=47
}
```

自增++与自减--有两种使用形式:前缀形式,即它们在操作数之前,如--i,++i;后缀形式,即它们在操作数之后,如 i--,i++。如果是独立使用,不参与其他运算的话,前缀形式和后缀形式没有区别,但它们在表达式中被引用时,结果是不同的。前缀形式是先增(减)1,后被引用,后缀形式是先被引用,后增(减)1。

【例 2.8】 单目运算符++和--。

程序如下:

```
void main()
{    int x,y;
     x=3;
     y=5*(++x);                        //y 的值为 20,x 的值为 4
     cout<<"x="<<x<<endl;              //输出 x=4
     cout<<"y="<<y<<endl;              //输出 y=20
     x=3;
```

```
        y=5*x++;                    //y 的值为 15,x 的值为 4
        cout<<"x="<<x<<endl;        //输出 x=4
        cout<<"y="<<y<<endl;        //输出 y=15
        x=3;
        y=5*(--x);                  //y 的值为 10,x 的值为 2
        cout<<"x="<<x<<endl;        //输出 x=2
        cout<<"y="<<y<<endl;        //输出 y=10
        x=3;
        y=5*x--;                    //y 的值为 15,x 的值为 2
        cout<<"x="<<x<<endl;        //输出 x=2
        cout<<"y="<<y<<endl;        //输出 y=15
}
```

2.4.2 关系表达式

C++中提供了 6 种关系运算符:

<(小于),<=(小于等于),>(大于),>=(大于等于),==(相等),!=(不相等)

上述的 6 种关系运算符都是双目运算符,且结合性都是从左到右的。前四种的运算符优先级一致,后两种的运算符优先级一致,且前者的优先级高于后者,但所有这 6 种运算符的优先级别都低于算术运算符。

关系运算符的作用是对两个操作数进行比较,比较的结果是一个逻辑值,即 true 或 false。用关系运算符将两个表达式连接起来,就是关系表达式。例如:

3>9,s+f<h,(3+d)<=(7+k),(3>5)>(s>g),'l'!='k',x==y

都是合法的关系表达式。关系表达式的结果类型为 bool 型,其值只能是 true 或 false。

2.4.3 逻辑表达式

C++中提供了三种逻辑运算符:&&(逻辑与)、||(逻辑或)、!(逻辑非)。它们的特点如下:

(1) && 与 || 为双目运算符,是从左到右结合的。

(2) ! 为单目运算符,是从右到左结合的。

(3) 在这三个逻辑运算符中,逻辑非的优先级最高,逻辑与次之,逻辑或最低。算术运算符、关系运算符的优先级高于逻辑与、逻辑或运算符,但低于逻辑非。

(4) C++不提供逻辑类型,只能用"非 0"与"0"来表示"真"与"假"。通常逻辑表达式用 int 类型的"1"与"0"分别代表"真"与"假"。

逻辑运算符的运算规则可以用表 2.3 来说明,它表示当 a 和 b 取值为不同的组合时,各种逻辑运算所得到的结果。

表 2.3 逻辑运算符的运算规则

a	b	!a	a&&b	a‖b
true	true	false	true	true
true	false	false	false	true
false	true	true	false	true
false	false	true	false	false

【例 2.9】 逻辑表达式。

程序如下：

```
void main()
{   int x=3,y=5,z;              //一般用整型变量表示 bool 量 true 和 false
    z=(x>0)||(y<10);            //z=1 表示 true
    z=(x==0)&&(y<10);           //z=0 表示 false
    z=!(x==3);                  //z=0 表示 false
}
```

2.4.4 运算顺序

表 2.4 列出了 C++ 的常用运算符的优先级和结合性。

表 2.4 运算符的优先级和结合性

优先级	运算符	结合性
1	[]、()、.、->、++(后置)、--(后置)	从左向右
2	++(前置)、--(前置)、+(正值运算符)、-(负值运算符)、!	从右向左
3	(类型名)(强制类型转换)	从右向左
4	.*、->*(引用指向类成员的指针)	从左向右
5	*、/、%	从左向右
6	+(加号)、-(减号)	从左向右
7	<、>、<=、>=	从左向右
8	==(等于)、!=	从左向右
9	&&	从左向右
10	‖	从左向右
11	=、+=、-=、*=、/=、%=	从右向左

【例 2.10】 分析下列的程序。

程序如下：

```
void main()                                 //考察表达式的运算顺序
{   int x;
    x=3*8+-15/3-28%5;                       //x=24+(-5)-3=16
    cout<<"x="<<x<<endl;                    //输出 x=16
    x=24/8*4+5-16/2-3*7;                    //x=12+5-8-21=-12
```

```
        cout<<"x="<<x<<endl;              //输出 x=-12
}
```

输出结果如下所示。

```
x=16
x=-12
```

在表达式中,常会出现多种不同类型的操作数,比如一个实数和一个整数相加,那么结果应该是哪种类型呢?遇到这种情况,容易想到的办法就是把它们变成类型一致的操作数,再进行运算,C++就是这样处理的。将表达式中的操作数进行类型转换的方法有以下两种。

1. 自动类型转换

在计算含有不同类型操作数的表达式时,编译器会自动进行类型转换,如图2.9所示。要注意的是,float型的操作数只要参与运算,一定先转换为double型的操作数,而short型和char型的操作数一定先转换为int型的操作数,这是横向箭头所表示的内容。而纵向箭头表示的是类型不同的操作数转换的方向。例如,一个long型数据和一个double型数据进行运算时,编译器会自动将long型数据转换为double型,然后对两个double型数据进行运算,得到的结果也是double型数据。

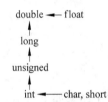

图2.9　自动类型转换的示意图

逻辑运算符和关系运算符由于所要求的操作数为bool型,如果其他类型数据参与这两种运算,则转换的方法是,非0的数据转换为true,0转换为false。实际上,C++中true是用1表示,false是用0表示。

赋值运算要求其左右两边的操作数的类型是一致的,如果不一致,则一律将右边值的类型转换为左边值的类型。

这种转换由于数据精度没有损失,称为安全的类型转换。

【例2.11】　分析下列程序。

```
void main()
{   int x1,x2;
    double y1,y2;
    x1=35;
    x2=47;
    y1=x1/5+x2;              //int 类型转换为 double 类型
    y2=125*3.14;             //125 是 int 类型,要转换为 double 类型
    cout<<"y1="<<y1<<",y2="<<y2<<endl;
}
```

输出结果如下所示。

y1=54,y2=392.5

2. 强制类型转换

如果数据需要从高精度向低精度类型转换,可以在变量或常量的前面加强制类型转换运算符实现强制类型转换。其常用格式为:

(类型)表达式

例如,(float)35 是实型数 35,(double)35 是双精度实型数 35。

强制类型转换可能丢失精度,如实型数 3.14 转换为整型数:(int)3.14,得 3,小数部分就损失了。

【例 2.12】 分析下列程序。

```
void main()
{   float k=3.7;
    int kk=(int)k;
    cout<<"k="<<k<<endl;
    cout<<"kk="<<kk<<endl;
}
```

输出结果如下所示。

```
k=3.7
kk=3
```

需要注意的是,在强制类型转换中原来的数 k 在内存中的值不改变,依然是 3.7,只是将 k 的值取出变为整型数 3,然后再赋给变量 kk。

2.5 例题分析和小结

本节将介绍几个有代表性的例子、分析一些典型的解题思路,最后对本章的内容作一总结。

2.5.1 例题

【例 2.13】 指出下面的单词是标识符、关键字还是常量。

abc,2,new,struct,"opiu",'k',"k",false ,bnm,true,0xad,045,if

abc 是标识符,2 是整型常量,new、struct 是关键字,"opiu"是字符串常量,'k'是字符常量,"k"是字符串常量,false 是布尔常量,bnm 是标识符,true 是布尔常量,0xad 是十六进制的整型常量,045 是八进制的整型常量,if 是关键字。

【例 2.14】 指出下面的标识符是否是合法的。

2op, Fm, void, short, Dfe, fr-r, s*u

2op 不是合法的标识符,因为它是以数字开头的;Fm 是合法的标识符;void、short 不是合法的标识符,因为它们是系统保留的关键字;Dfe 是合法的标识符;fr-r 和 s*u 不是合法的标识符,因为它们包含不允许出现的字符-和*。

【例 2.15】 判断下列语句的正误。

(1) 数组的下标可以为 float 类型。

(2) 数组的元素的类型可以不相同。

(3) 数组元素的名称和类型是一样的。

(1) 错。数组的下标只能是整型、字符型等序数类型。float 等非序数类型不可以作为数组下标的类型。

(2) 错。结构体里的各个元素的类型可以不相同,但数组的元素必须是同一类型的。

(3) 对。区分数组各个元素的方法是通过下标。

【例 2.16】 数组 float a[30]的第三个元素是 a[2]还是 a[3]?

是 a[2]而不是 a[3],C++ 语言的数组下标是从 0 开始的。

【例 2.17】 写出如下程序的执行结果。

```
#include<iostream.h>              //输入输出头文件
void main()
{    float a[]={1.1,2.3,5.6,7.8};
     cout<<"第四个元素是:";
     cout<<a[3];
}
```

运行结果是:

第四个元素是:7.8

【例 2.18】 数组 int a[3][4]有多少个元素,其第一和最后一个元素分别是什么?

有 3*4=12 个元素。

第一个元素是 a[0][0],最后一个元素是 a[2][3]。

【例 2.19】 写出数组 float b[4][3]的所有元素。

b[0][0],b[0][1],b[0][2],
b[1][0],b[1][1],b[1][2],
b[2][0],b[2][1],b[2][2],
b[3][0],b[3][1],b[3][2]。

【例 2.20】 编写一个程序将一个有四个元素的一维数组按每行二个元素的形式输出。

```
#include<iostream.h>              //输入输出头文件
void main()
{    float a[9]={1,2,3,4};         //定义一个有四个元素的一维数组
     cout<<a[0]<<" "<<a[1]<<endl;
```

```
        cout<<a[2]<<" "<<a[3]<<endl;
}
```

运行结果为:

1   2
3   4

【例2.21】 写出下面程序的运行结果。

```
#include<iostream.h>
struct teacher{
    int no;                    //工号
    char title[20];            //职称
    char sex;                  //性别
    int seniority;             //工龄
} zhang={200201345,"associate professor",'m',12 };
void main()
{   cout<<zhang.no<<" "<<zhang.title;
    cout<<" "<<zhang.sex<<" "<<zhang.seniority;
}
```

运行结果为:

200201345   associate professor   m   12

【例2.22】 建立一个适于描述水桶和锅的结构体。
程序如下:

```
#include<iostream.h>
struct utensil
{   int no;                    //货号
    float price;               //器皿的价格
    union
    {   float diameter;        //锅的口径
        float volume;          //水桶的容积
    };
} pan,bucket;
void main()
{       pan.no=2002111;
        pan.price=100;
        pan.volume=70;
        bucket.no=2002112;
        bucket.price=60;
        bucket.diameter=78;
        pan.diameter=70;
        bucket.volume=78;
```

```
cout<<"桶的体积是"<<bucket.volume<<"立方分米";
cout<<"锅的直径是"<<pan.diameter<<"厘米";
}
```

运行结果为：

桶的体积是 78 立方分米
锅的直径是 70 厘米

【例 2.23】 编写一个程序，读入两个 float 型的数，并打印出它们的和。

程序如下：

```
#include<iostream.h>
void main()
{   float a,b,sum;
    cout<<"输入 2 个 float 类型的数：";
    cin>>a>>b;
    sum=a+b;
    cout<<endl<<"它们的和是"<<sum;
}
```

若输入 3.5、4.16，则输出显示的是，它们的和是 7.66。

【例 2.24】 编写一个程序，读入路程的里数，并读入汽车行驶时间，打印出汽车的平均速度。

程序如下：

```
#include<iostream.h>
void main()
{   float length,time,average;
    cout<<"input the length(in kilometer)and time(in hour)：";
    cin>>length>>time;
    average=length/time
    cout<<endl<<"平均速度是："<<average<<"千米/小时";
}
```

【例 2.25】 判断对错：

(1) 如果 a 为 flase,b 为 true,则 a&&b 为 true；
(2) 如果 a 为 flase,b 为 true,则 a||b 为 true。

由表 2.3 的定义可知，(1)错，(2)对。

【例 2.26】 请指出下列的表达式是否合法。如合法，则指出是哪一种表达式。

%h,b*/c,3+4,o+p,3>=(k+p),z&&(k*3),!mp,5%k,a==b,(d=3)>k

%h 和 b*/c 不是合法的表达式，其余的都是合法的表达式。

3+4,o+p 是算术表达式；3>=(k+p)是关系表达式；z&&(k*3)和!mp 是逻辑表达式；5%k 是算术表达式；a==b 是关系表达式；(d=3)>k 是关系表达式。

2.5.2 解题分析

标识符是由字母开头的字符序列,是组成词法符号的基本单位。辨别词法符号是否合法的关键是掌握词法符号的构成规则,而辨别一个表达式的类型的关键是看它最后执行的运算符是什么。

对于数组一定要清楚数组的下标、数组元素的数据类型。

结构体表示复杂的数据类型,它由若干个数据类型组成。当一个对象包含几个数据属性时,采用结构体类型。

2.5.3 小结

本章主要介绍了词法符号、数据类型和表达式三部分的内容。

词法符号是计算机程序的最基本内容,标识符、关键字、常量、变量都是基本的词法符号。学习C++语言首先要学会正确使用词法符号。

C++中的数据类型是非常丰富的,可以分为基本数据类型和结构数据类型两大类。两大类中又有很多更细的分类。

基本数据类型有常量和变量。C++中的基本数据类型有 bool(布尔型)、char(字符型)、int(整型)、float(实数型)和 double(双精度型)。

复合数据类型有数组、结构体和共用体。一维数组是一系列数据元素的集合,一个数据元素相当于一个变量,由数组标识符和下标唯一标识。二维数组是由行和列组成的数据元素集合,二维数组元素由数组标识符和两个下标来加以表示。

C++中的表达式有很多种,本章介绍了常用的三种。关系型和逻辑型表达式的结果只能取布尔值,即 true 或 false。C++中常用 0 表示 false,用非零表示 true。算术表达式的结果类型与其中的操作数的类型相关。

实训 2 标识符和表达式实训

1. 实训题目 1

编程,根据编译的信息检验标识符是否为同一个标识符,如 kv2000 和 KV2000,并判断给定的标识符是否合法。

2. 实训 1 要求

(1) 通过本实训进一步熟悉上机实习环境。
(2) 进一步熟悉编写最简单的程序方法。
(3) 通过实训复习巩固标识符和表达式等概念。

(4) 用 kv2000 和 KV2000 作为变量名来定义变量，如果是同一标识符或非法的标识符系统会提示出错。

3. 实训题目 2

输入一个大于 3 位的整数，编写一个程序，将它的十位数和百位数互换位置。

4. 实训 2 要求

(1) 通过本实训进一步熟悉上机实习环境。
(2) 进一步熟悉编写最简单的程序方法。
(3) 学会分析问题并用C++语言表达问题和解决问题。

习 题 2

2.1 判断下面的标识符是否为同一标识符：

Flag, flag

2.2 判断下面的标识符是否合法：

class, public, Xyz, 7high,union,3jjj,_you ,@mail ,A_B_C_D

2.3 变量和常量有什么区别？
2.4 有哪两种定义常量的方法？它们有什么区别？
2.5 用一条语句定义一个有六个元素的整型数组，并依次赋予1~6的初值。
2.6 画出语句 int a[2][4];定义的数组的存储示意图，并指出该数组的第一个元素和最后一个元素是哪一个。
2.7 如果数组的定义如下：

int a[4][5];

则它有多少个元素？分别是什么？
2.8 下面定义的数组合法吗？为什么？

定义一：

int j,k;
float a[j][k];

定义二：

int j=1,k=2;
float a[j][k];

定义三：

```
const j=1,k=2;
float a[j][k];
```

2.9 定义一个描述学生的结构体类型 student,含有学号 num、姓名 name、性别 sex、成绩 score 几个分量,再定义属于这个结构体类型的两个变量 stu1、stu2。

2.10 有结构体

```
struct book                              struct person
    {                                        {
    char * name;        //书名               char * name;         //作者名
    person writer;      //作者               char * telephone;    //电话
    } cpp;                                   };
```

怎样引用书 cpp 的作者的名字?

2.11 建立一个适于描述碗和勺子的结构体,有关的信息:两者都有货号、价格、颜色,不同的是碗的大小用口径来表示,勺子的大小用枚举类型表示,分大、中、小三种。现有的勺子的大小是中,将其表示出来。

2.12 求下面的算术表达式的值:

```
int a=6;
int b=2;
```

(1) a−b   (2) a+b   (3) a/b   (4) a−b
(5) a+b*2   (6) 2*a/b   (7) 2+a*b   (8) a*b−a/b

2.13 求下面的算术表达式的值:

```
int x=35;
int y=6;
```

(1) x/8   (2) y%x   (3) 9−y%x   (4) x%5
(5) x*3%4   (6) −45/6   (7) (int)7.4%2 (8) 7.0/2

2.14 执行完下列语句后,a、b、c 三个变量的值为多少?

```
a=30;
b=a++;
c=++a;
```

2.15 下面的表达式是什么类型的表达式?

(x+3)>4, x&&y>=z, x||y>z,x+y||z

2.16 写出下列表达式的值。

(1) 2<3&&6<9
(2) !(4<7)
(3) !(3>5)||(6<2)

2.17 下面程序中每条语句的作用是什么?

```cpp
#include<iostream.h>
void main()
 {
  cout<<"Hello\n";
  cout<<"world!\n";
 }
```

2.18 下面程序的运行结果是什么?

```cpp
#include<iostream.h>
main()
{ cout<<"Hello!";
  cout<<"C++\n";
  cout<<"Hello!"
  "C++"<<endl;
  cout<<"Hello!C++"<<endl;
}
```

2.19 编程实现两个整数相加。

2.20 编程实现:输入一个三位整数,能够将它反向输出。

2.21 下面程序的运行结果是什么?

```cpp
#include<iostream.h>
struct flower
{      int no;                    //花号
       char name[20];             //花名
       char color[10];            //颜色
       float price;               //价格
} moutan= {2002789,"moutan peony","red",12 };
void main()
{     cout<<moutan.no<<" "<<moutan.name;
      cout<<" "<<moutan.color<<" "<<moutan.price;
}
```

2.22 如果有函数 y=5/9(x－32),编程实现对任意输入的 x,输出 y 的值(x,y 定义为单精度实型)。

2.23 编程实现:读入一个圆的半径,输出圆的面积与周长。

2.24 下面程序的执行结果是什么?

```cpp
#include<iostream.h>
void main()
{int a=5,b=3;
 int * p=&a;
 cout<<" * p: "<< * p<<",a: "<<a<<",b: "<<b<<endl;
```

```
    *p=b;
 cout<<"*p: "<<*p<<",a: "<<a<<",b: "<<b<<endl;
}
```

2.25 给出下面程序的运行结果。

```
#include<iostream.h>
void main()
{       char a[20]="I'm an array.",*p;
        cout<<a<<endl;
        p=&a[7];
        cout<<p<<endl;
        a[13]='n';
        a[14]='o';
        a[15]='\0';
        cout<<a<<endl;
        a[3]='\0';
        cout<<a<<endl;
}
```

2.26 给出下面程序的运行结果。

```
#include<iostream.h>
void main()
{    short int s;
     s=32767;
     unsigned short j;
     j=65535;
     cout<<s<<endl;
     cout<<j<<endl;
     s=s+1;
     j=j+1;
     cout<<s<<endl;
     cout<<j<<endl;
     j=j+1;
     cout<<j<<endl;
}
```

第 3 章 语句和函数

语句是程序的最小单元，C++的程序就是由一条一条的语句组成的。程序是由程序员写给计算机，并让其执行的语句序列。函数是一个可以独立完成某个功能的语句块，它可以被反复使用，也可以作为一条语句放在程序的任何地方被使用。

3.1 赋值语句

赋值语句是由赋值表达式组成的语句，作用是把一个数据赋给一个变量或数组元素，是最基本的计算机语句，赋值语句的语法结构为：

<变量标识符><赋值运算符><表达式>；

符号"="是最简单的赋值运算符，其语义是将表达式的值赋给变量标识符所代表的变量。变量标识符在赋值运算符的左边，所以也称为左值表达式，简称左值，而赋值运算符"="符号右边的表达式称为右值。例如：

```
int x;
x=5+3;
```

就是将5+3表达式的值8赋给变量x。

【例3.1】 赋值语句。

```
int x,y;
float a,b,c;
x=36;                    //赋值语句对 x 赋值 36
y=x*2+2*3-12;            //赋值语句对 y 赋 x*2+2*3-12 表达式的值
a=36.5;                  //赋值语句对 a 赋值 36.5
b=2.5*a+1.2;             //赋值语句对 b 赋 2.5*a+1.2 表达式的值
c=2.5*3.14-2.7/1.35+2.2; //赋值语句对 c 赋 2.5*3.14-2.7/1.35+2.2 表达式的值
```

上面实现了5个赋值语句。

a=b是一个赋值表达式，是将变量b的值赋给a，这是赋值的最简单的情况。

另外还有四个复合赋值运算符，如表3.1所示。

表 3.1　赋值运算符

赋值运算符	示　　例	语　　义
=	x=a;	a 的值赋给 x
+=	x+=a;	相当于 x=x+a
-=	x-=a;	相当于 x=x-a
*=	x*=a;	相当于 x=x*a
/=	x/=a;	相当于 x=x/a

例如：

```
int a=8;
int b=3;
```

语句 a+=3 等价于 a=a+3,其作用是把 a 的值 8 与 3 相加,再赋值给变量 a,于是变量 a 的值变成 11。

语句 a/=b+1 等价于 a=a/(b+1),其作用是先把变量 b 的值 3 与 1 相加,得到 4,再用变量 a 的值 8 除以 4,得到 2,最后将 2 赋值给变量 a,于是变量 a 的值变成 2。

从这两个例子,可以看出复合赋值运算符就是将基本的四种算术运算符+(加)、-(减)、*(乘)、/(除)与=相结合得到的。这四种复合赋值运算符都是二元运算符,其优先级和=是一致的,结合性都是从右到左。

【例 3.2】　分析下面的赋值语句。

```
int a=3;
a+=a*=2;
cout<<a;
```

得到输出：

12

这里出现了两个复合赋值运算符,首先要知道,赋值表达式的值和赋值运算后的左值是一样的,从而它可以当做操作数继续进行别的运算。由于赋值号的结合性是自右向左,所以先进行 a*=2 的赋值运算,变量 a 的值变为 6,接着 6 作为左边的复合赋值运算符+=的右值进行赋值运算,于是左值 a 的值变为 12。

如果赋值号两边的数据类型不一致,编译器会在赋值前将表达式值的类型转换成与左值相同的类型。赋值运算符的两边如果类型不一致,处理原则是：

(1) 如果是将字符型的数据赋给整型变量,虽然字符型的数据也可以看做是特殊的整型数据,但两者所占的字节数是不同的,字符数据占用一个字节,而整型数据占用的字节数要多于字符数据。系统处理的方法是将字符型数据放在整型变量的低 8 位,变量剩余高位的处理方法是,如果系统将字符看做是无符号的,则将剩余的高位全部补 0,但如果系统将字符看做是有符号的,那么为了保持数值不变,则要进行符号扩充,符号扩充的意思,就是要看字符数据的最高一位是 0 还是 1,是 0 则整型变量除了低八位外以外,所有位补 0,是 1 则剩余高位全部补 1。

(2) 如果是将 int 型的数据赋给 long int 型的变量,这种情况和上面的情况相类似,也是两种数据所占的字节数不同,转换就将 int 型的数据放在 long int 型变量的低 16 位,long int 型变量的高 16 位全部补 0。如果是将 unsigned 型的数据赋给 long int 型的变量,则与上述所说的,系统将字符看做是无符号的情况一样,在高位全部补 0。

(3) 将非 unsigned 型的数据赋给长度相同的 unsigned 型的变量,数据不变。

(4) 如果是将实型的数据赋给一个整型的变量,则舍弃实数的小数部分,而不是四舍五入。例如,执行下面的三条语句:

```
int a;
a=3.9;
cout<<" a="<<a;
```

得到结果:a=3。

(5) 如果是将整型的数据赋给实型变量,则数值的大小不变,只是整型数据值根据是赋给单精度变量还是双精度变量,变为与其一致的形式,主要就是补足小数点的位数。

3.2 选择语句

3.2.1 条件语句

条件语句就是一种选择结构,几乎所有高级程序设计语言都提供条件语句,条件语句也称为 if 语句。它用来判定所给出的条件是否满足,并根据判定的结果(真或假)来决定要执行的操作。

条件语句的一般形式为:

if(<表达式>)<语句 1>else<语句 2>

if 语句的表达式也称为条件表达式,其求值结果必须是取其逻辑类型的值。表达式必须用小括号括起来,含义是当表达式求值结果为真时执行语句 1,否则执行语句 2。

在 C++ 中花括号括起来的语句序列看做是一条语句,单独一对花括号是一个空语句,单独写一个分号";"也是一个空语句,空语句什么都不执行,但它同样是语句。如果 else 后面为空语句,则 else 是可以省略的,这时 if 语句变为如下的形式:

if(<表达式>)<语句>

两种形式的 if 语句的执行顺序如图 3.1 所示。

【例 3.3】 判断一个数是否大于 60。

程序如下:

```
#include<iostream.h>
void main()
{   int a;
```

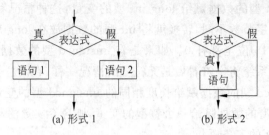

图 3.1 两种形式的 if 语句的示意图

```
        cin>>a;
        cout<<"大于60吗？"<<endl;
        if(a>60)cout<<"是";
        else cout<<"否";
}
```

这个程序的功能是读入一个数，判断它与 60 比较的大小，如大于 60 则输出"是"，否则输出"否"，从中可以体会 if 语句的用法。iostream.h 是输入输出头文件，本书为了简洁有时会省略，但实际编写程序时是不能省略的。

【例 3.4】 判断一个整数是正数、负数还是 0。

程序如下：

```
#include<iostream.h>
void  main()
{    int a;
     cin>>a;
     if(a>=0){if(a==0)cout<<"零";
              else cout<<"正数";}
     else cout<<"负数";
}
```

if 语句允许嵌套：

if(<表达式 1>)<语句 1>
else if(<表达式 2>)<语句 2>
else if(<表达式 3>)<语句 3>
    ⋮
else if(<表达式 n>)<语句 n>
else<语句 n+1>

即所有 if 语句的嵌套都发生在若干个 else 分支语句中。执行顺序如图 3.2 所示。

3.2.2 开关语句

开关语句的一般的形式为：

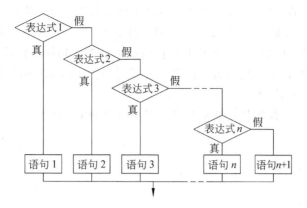

图 3.2 嵌套的 if 语句

```
switch(<开关表达式>){
    case<常量表达式 1>:<语句序列 1>;break;
    case<常量表达式 2>:<语句序列 2>;break;
        ⋮
    case<常量表达式 n>:<语句序列 n>;break;
    default            :<语句序列 n+1>;
}
```

开关语句也称 switch 语句,当程序的流程到达 switch 语句时,首先对开关表达式进行计算,用其值从上到下在所有的 case 常量表达式中寻找相等者,从找到的第一个匹配的 case 后的第一条语句开始执行,当所有的 case 常量表达式都不匹配时,从 default 后面的语句开始执行,当没有 default 并且所有的 case 常量都不匹配时,流程不进入该 switch 语句。

【例 3.5】 一个产品分为 m、p、q 三个等级,根据等级可打印相应的产品的价格。
程序如下:

```
switch(grade){
        case 'm': cout<<"1500";break;
        case'p':cout<<"1000";break;
        case'q':cout<<"500";break;
        defaut :cout<<"没有这个等级";
}
```

最后一个 default 语句,是当常量表达式全部不匹配时执行,意思是所输入的不是合法的产品等级。

switch 语句应该注意以下几点:
(1) 虽然括号内的表达式可以是任意的类型,但最好使用整型、字符型和枚举型的表达式。case 后面的常量表达式的类型必须与开关表达式的类型相匹配。
(2) 各常量表达式的值必须不能相同,否则程序不知该从哪里执行,会出现编译错误。各常量值出现的次序并不影响执行的最后结果。

（3）每个 case 的后面可跟若干条语句，且不必用{}括起来，因为每个 case 只是一个入口的标志，一旦进入某个入口，便会一直被执行下去，并非遇到下一个 case 就终止。这样，若干个 case 可以共享语句。为了让每个 case 后面的语句执行完后，终止 switch 语句的执行，则必须在每个 case 后的若干条语句的最后加上 break，break 语句的作用就是使程序流程跳出 switch 语句。

【例 3.6】 将月份的阿拉伯数字转换成对应月份的英文单词。

程序如下：

```
#include<iostream.h>
void main()
{    int month;
     cin>>month;
     switch(month){
     case 1:cout<<"January"<<endl;break;
     case 2:cout<<"February"<<endl;break;
     case 3:cout<<"March"<<endl;break;
     case 4:cout<<"April"<<endl;break;
     case 5:cout<<"May"<<endl;break;
     case 6:cout<<"June"<<endl;break;
     case 7:cout<<"July"<<endl;break;
     case 8:cout<<"August"<<endl;break;
     case 9:cout<<"September"<<endl;break;
     case 10:cout<<"October"<<endl;break;
     case 11:cout<<"November"<<endl;break;
     case 12:cout<<"December"<<endl;break;
     default:cout<<"没有这个月份.";
     }
}
```

3.3 循 环 语 句

3.3.1 while 循环语句

while 语句有两种形式。

第一种形式：

while(<条件表达式>)
  <语句>   //循环体

其控制机理为：当程序的流程到达 while 语句时，首先对条件表达式进行判断，若其值为真（非 0），便执行语句，即循环体，否则跳过 while 语句。每执行完一次循环体，都要再计算一次条件表达式，以便判断下一步操作是执行 while 语句，还是跳过 while 语句。

第二种形式:

do<语句>　　　　　　　　　　　　//循环体
while(< 条件表达式>)

其控制机理为:先执行一次循环体,再根据条件表示式判断是否要再执行循环体。

注意:两种形式的区别是,第一种形式是"先判定,后执行",可能不执行循环体,第二种形式是"先执行,后判定",至少会执行一次循环体。

结合例子,来看一下 while 循环语句的执行顺序。

【例 3.7】 读入若干个学生的成绩,计算他们的平均成绩。

程序如下:

```
#include<iostream.h>
void main()
{   int sum=0,count=0,grade;
    cin>>grade;
    while(grade>=0)                          //负数表示输入结束
    {   count++;
        sum+=grade;
        cin>>grade;
    }
    if(count>0)   cout<<"平均成绩是: "<<sum/count<<endl;
}
```

这是根据 while 循环语句的第一种形式编写的,其执行示意图如图 3.3(a)所示。

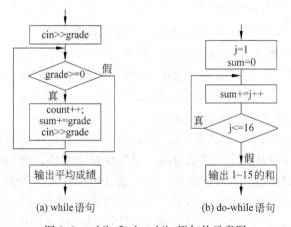

图 3.3　while 和 do-while 语句的示意图

再看一个关于 do-while 的例子。

【例 3.8】 求 1~15 的和。

程序如下:

```
#include<iostream.h>
void  main()
```

```
{    int j=1,sum=0;
     do   sum+=j++;
     while(j<16);
     cout<<"1~15 的和是："<<sum<<endl;
}
```

图 3.3(b)是程序执行的流程示意图。

3.3.2　for 循环语句

C++中的 for 语句相对 while 和 do-while 语句较为灵活。它不仅可以用于循环次数已经确定的情况，而且还可以用于循环次数不确定，只给出循环结束条件的情况。for 语句的一般形式为：

for(<表达式 1;表达式 2;表达式 3>)<语句>

其中，表达式 1 是初始化表达式，用来为循环变量赋初值；表达式 2 是条件表达式，用来决定什么时候退出循环；表达式 3 是增量表达式，用来决定循环变量的变化方式。

for 语句的执行顺序如图 3.4 所示。

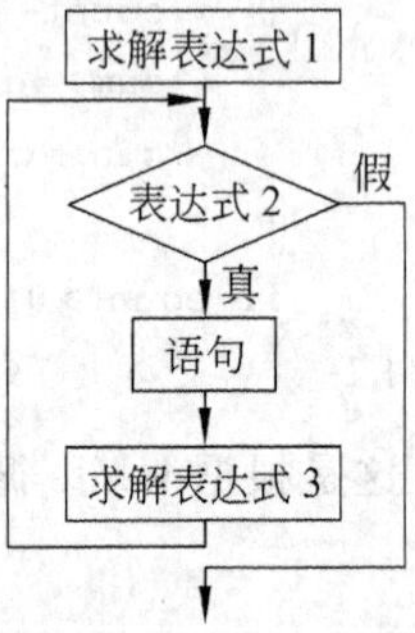

【例 3.9】 用 for 语句求 1~15 的和。

程序如下：

```
int sum=0;
for(int j=1;j<=15;j++)sum+=j;
```

第一个表达式 int j=1;的作用是定义一个整型的循环变量 j,并将整数 1 赋予此变量，这是在刚进入到 for 语句时执行的。第二个表达式 j<=15;是决定是否进入循环，其值为布尔类型，根据该值决定是否进入循环体，如果为 true(非 0)则进入循环体，如果为 false(0)则跳出 for 语句。第三个表达式 j++的作用是用来改变循环变量 j 的值。

图 3.4 for 语句执行顺序

for 语句括号内的三个表达式都可以省略，分号不可以省略，即可以为 for(;;),表示不设初值，不判断条件(认为表达式 2 为真)，循环变量无增值，无终止执行循环体，此时，需要在循环体中有跳出循环的控制语句。如果是省略表达式 1,则应该在 for 语句之前，给循环变量赋初值。如果是省略表达式 2,即不判断结束条件，循环无终止进行下去，相当于 while(true)。如果是省略表达式 3,则在循环体内应该有改变循环变量值的语句，以保证循环能够正常结束。

3.3.3　break 和 continue 语句

前面已经提到，使用 break 语句从 switch 语句中跳出来，在循环语句中也可以使用 break 语句，用来从最近的封闭循环体中跳出，除此之外，不能使用 break 语句。

【例 3.10】 读入 10 个学生的成绩,计算其平均成绩,如果遇到负数则报告出错。
程序如下:

```cpp
#include<iostream.h>
void main()
{   int record,sum=0;
    bool flag=true;
    for(int j=1;j<=10;j++)
    {   cin>>record;
        if(record<0){flag=false;break;}
        sum+=record;
    }
    if(flag)cout<<"平均成绩是: "<<sum/10.0<<endl;
    else cout<<"出错"<<endl;
}
```

有时可能会遇到另外一种情况,即要跳过循环体里的一些还未执行的语句,进行下一次的循环操作,这时就要用到 continue 语句。continue 语句用于循环语句,作为结束当前循环(跳过循环体中还未执行的语句),接着进行下一次是否执行循环的判定。

【例 3.11】 统计一句话(以"."结束)里字符 a 的数目。
程序如下:

```cpp
#include<iostream.h>
void main()
{   int count=0;
    char c;
    while(c!='.')
    {   cin>>c;
        if(c!='a')continue;            //如果不是字符'a',则读下一个字符
        count++;                        //否则计数器 count 加 1
    }
    cout<<count;
}
```

这里 continue 跳过后面的 count++ 语句,直接回到 while 语句的开头。

3.3.4 多重循环

有时候仅仅使用简单的循环结构,不能够达到编程目的,例如,要给一个二维数组的各个元素赋初值,就要用到二重循环。二重循环其实就是循环语句嵌套循环语句。

【例 3.12】 给一个二维数组的各个元素赋初值。
程序如下:

```cpp
#include<iostream.h>
```

```
void main()
{   int a[3][4];
    cout<<"输入整数：";
    for(int j=0;j<3;j++)
        for(int k=0;k<4;k++)
        {   cout<<"a["<<j<<"]["<<k<<"]=：";
            cin>>a[j][k];
        }
}
```

可以看到第二个 for 语句处于第一个 for 语句的循环体当中，对于第一个 for 语句的循环变量 j 的每个值，第二个 for 语句都执行一遍。while 和 for 语句同样也是可以相互嵌套。

3.4 函 数

编写一个较大程序时，通常将其分成若干个程序模块，每一个模块用来实现一个特定的功能，函数就是一个可以独立完成某个功能的程序模块。在面向对象语言里，函数有着非常重要的作用。一个 C++ 程序的入口定义为主函数，也称为主程序，就是前面已经出现过的 main() 函数。在一个 C++ 程序里只可以定义一个主函数，但对于其余函数的数量是没有限制的，可以根据需要来编写。各个函数包括主函数之间都是平等的，不能在一个函数的内部定义另一个函数，但是各个函数可以互相调用，通过调用各个函数联系在一起，共同构成一个完整的程序。但是，主函数是不可以被别的函数调用的。

函数既可以是用户根据具体的需要定义的，也可以是一些系统定义好可供用户使用的标准函数，又称为库函数。在使用 C++ 系统之前应该仔细了解这个系统所提供的库函数。

3.4.1 函数的定义

函数定义的一般形式是：

<类型标识符><函数名>(<形式参数表>)
{<函数体>}

【例 3.13】 编写一个函数，功能是返回一个整数的绝对值。
程序如下：

```
int absolute(int s)
{   int z;                    //函数体里的变量声明
    if(s>=0)z=s;
    else z=-s;
```

```
        return z;
}
```

形式参数表是括在圆括号中的 0 个或多个以逗号分隔的形式参数,简称形参表,可以为空。它定义了函数将从调用函数中接收几个数据以及它们的类型。所以称为形式参数,意思是其只是一个标识符号,标志着在此位置应该出现一个什么形式的参数,函数只有在具体被调用的时候才代以具体的参数。例 3.13 中 absolute()函数的功能是返回一个整数的绝对值,它的形式参数是 s,用来接收被处理的整型数据。

函数体是用一对花括号封装的语句块,描述了函数实现一个功能的过程,可以包含若干个变量和对象的定义,以及各种语句序列。函数体也可以为空,可以先定义一个空的函数体,这并不影响程序的执行,等将来功能明确了,再补充函数体的内容。例 3.13 中函数体包含变量 z 的定义,if 条件语句和 return 语句。

函数执行完毕后,可以返回一个值,这个返回值是由函数体内的 return 语句传送出来的,可以被当做普通的常数值进行运算。函数名前面的类型说明符就是说明返回值类型的,默认系统会默认为整型,如果 return 语句返回值的类型和函数名前指定的类型不一样,return 返回的值会按照函数名前的类型自动进行类型转换。

如果函数不需要返回值,可以用 void 来指明,这种函数,可以用单独一个 return(无表达式)语句退出函数体。

3.4.2 函数的调用

函数调用的作用是用实参数向形式参数传递数据,中断调用程序,将流程转向被调用函数的入口处,执行被调用函数。函数调用的格式是:

<函数名>(<实参表>)

实参表应该与形参表一一对应。同时,函数在被调用之前,一定要被定义或者说明。

【例 3.14】 编写一个程序,输出一个正整数的全部约数。

程序如下:

```
#include<iostream.h>
#include<math.h>
void search(int s)
{   if(s>0)
    {   cout<<endl;
        int h,j;
        if(sqrt(s)==int(sqrt(s)))cout<<"  "<<sqrt(s);
        h=int(sqrt(s));
        for(j=1;j<=h;j++)
        if(s%j==0)cout<<"  "<<j<<"  "<<s/j;
    } else cout<<"不是一个正数"<<endl;
}
```

```cpp
void main(void)
{   int r;
    cout<<"请输入一个正数："<<endl;
    cin>>r;
    search(r);
}
```

【例3.15】 编写一个程序能将一个十进制的一位数变为二进制的数输出。

程序如下：

```cpp
#include<iostream.h>
void convert(int s)
{   switch(s)
    {   case 0:cout<<0;break;
        case 1:cout<<1;break;
        case 2:cout<<10;break;
        case 3:cout<<11;break;
        case 4:cout<<100;break;
        case 5:cout<<101;break;
        case 6:cout<<110;break;
        case 7:cout<<111;break;
        case 8:cout<<1000;break;
        case 9:cout<<1001;
    }
    cout<<endl;
}
void main()
{   int p;
    cout<<"输入一个数字：";
    cin>>p;
    convert(p);
}
```

通过上面的例子，已经初步学会怎样调用一个函数。但是有时候可能会出现复杂的调用情况，例如被调用的函数在执行的过程中又要调用别的函数，即嵌套调用。

【例3.16】 计算 $k=\sin^2 r+a^2+\sin s$ 的值。sin 的计算公式是：

$$\sin x = x - \frac{x^3}{3!} + \frac{x^5}{5!} - \cdots$$

程序如下：

```cpp
#include<iostream.h>
double mysin(double x)
{   double e=1e-6,k=0,t=x;
    int n=1;
    do
```

```
    {   k+=t;
        n++;
        t=-t*x*x/((2*n-1)*(2*n-2));
    }while(fabs(t)>=e);
    return k;
}
double jisuan(double r,double a,double s)
{return mysin(r)*mysin(r)+a*a+mysin(s);}
void main()
{   double r,a,s;
    cout<<"输入三个数：";
    cin>>r>>a>>s;
    cout<<jisuan(r,a,s);
}
```

例3.16中嵌套调用的过程如图3.5所示。

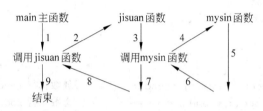

图3.5 嵌套调用的示意图

另外一种比较复杂的调用是递归调用，与嵌套调用不同的是被调用的函数再次调用它自身。调用自身有两种方式，一种是直接调用，即一个函数直接在函数体内调用自身，另一种是间接调用，即一个函数调用别的函数，而在别的函数体中，又调用了这个函数。

【例3.17】 计算函数。

$$f(x)\begin{cases}3, & x=0\\ f(x-1)+6, & x>0\end{cases}$$

程序如下：

```
#include<iostream.h>
int f(int x)
{   if(x<0)cout<<"参数错误"<<endl;
    else if(x==0)return 3;
    else return f(x-1)+6;
}
void main()
{   int g=35;
    cout<<"结果为："<<f(g)<<endl;
}
```

第3章 语句和函数 55

运行结果为:

213

【例3.18】 计算函数。

$$f(x)\begin{cases}0, & x=0\\ f(x-1)+3, & x\text{ 为正奇数}\\ f(x-1)+5, & x\text{ 为正偶数}\end{cases}$$

程序如下:

```
#include<iostream.h>
int feven(int x);                          //feven()函数先说明,后使用
int fodd(int x)
{    return feven(x-1)+3;
}
int feven(int x)                           //feven()函数定义
{    if(x==0) return 0;
     else return fodd(x-1)+5;
}
void main()
{    int g=16;
     if(g%2==0) cout<<feven(g)<<endl;      //偶数执行 feven(g)
     else cout<<fodd(g)<<endl;             //奇数执行 fodd(g)
}
```

运行结果为:

64

【例3.19】 指出下面的程序为什么是错误的?

```
void  main()
{
    int d;
    df();
}
int df()
{cout<<d;}
```

首先,程序中函数 df()没有先定义或声明就使用了,这是一个错误。

其次,程序中 df()函数内的 cout<<d;语句是错误的,因为在C++中变量有局部变量和全局变量的区别,在函数的内部定义的变量是局部变量,只能在定义它的函数的内部使用,即使定义它的是主函数 main(),其他函数也不能使用。这里变量 d 是在主函数中被定义的,所以不能够在函数 df()中被使用。在函数外面定义的变量是全局变量,对于全局变量所有函数都可以使用它。全局变量的好处是可以在各个函数之间传递信息,从而减少函数的参数,它也有不利的地方,就是增强了各函数之间的联系,不符合模块化的要求,对于创建和修改程序都是不利的。编制实用程序时,应尽量不用全局变量。

3.4.3 函数的传值参数

函数未被调用的时候,形参并不占用实际的内存空间,一旦函数被调用,系统就要为形参分配空间,并将实际参数的值放在所分配的空间当中,这就是实参与形参的结合,函数可以接受传值参数和引用参数两种参数。

函数使用传值调用方式时,调用函数的实参使用常量、变量值或表达式的值,被调用函数的形参使用变量值。调用时系统先计算主调函数实参的值,再将实参的值按位置对应赋给被调函数的形参,即对形参进行初始化操作。因此按这种传值调用的方式调用函数的时候,一旦系统将实参的值传给函数,那么被调函数将得到实参的一个副本,而不是实参本身。函数本身不对实参进行操作,即使形参的值在函数中发生变化,实参的值也不受任何影响。

【例 3.20】 参数的传值调用。

程序如下:

```
void f(int x,float y)
{    cout<<"x="<<x<<",y="<<y<<endl;}
void main()
{    int a=35;
     float b=47.86;
     f(a-2,b+21.03);
}
```

运行结果为:

x=33,y=68.89

实现了传值调用。

【例 3.21】 分析下面的程序能否实现两个数值交换。

```
#include<iostream.h>
void swap(float x,float y)
{    float a=x;
     x=y;
     y=a;
}
void main()
{    float m=6,n=27;
     cout<<"交换前: "<<endl;
     cout<<endl<<"m= "<<m<<endl;
     cout<<"n="<<n<<endl;
     swap(m,n);
     cout<<"交换后: "<<endl;
     cout<<endl<<"m="<<m<<endl;
```

```
        cout<<"n="<<n<<endl;
}
```

执行此程序的结果如下所示。

交换前
m=6
n=27
交换后
m=6
n=27

分析以上程序,由于使用的是传值调用,即只能是实参向形参传值,而不能由形参向实参传值,因此并没有达到交换两个数值的目的。

3.4.4 函数的引用参数

通过例3.21可以知道,由于传值调用的特点,形参的变化不影响实参的值,所以导致m和n的值并没有实现互换。为了解决这个问题,就要用到参数传递的另外一种方法——引用调用。引用是变量或对象的别名。定义引用的一般格式是:

<类型名>&<引用名>=<变量名>

其中变量名表示一个已定义过的,类型和引用的类型一致的变量。

【例3.22】 引用的定义。
程序如下:

```
int m;
int &n=m;                    //引用 n 是变量 m 的别名
m=53;
cout<<n;                     //n 也是 53
n+=22;                       //n 变为 75,m 也是 75
cout<<m;                     //输出 75
```

前两个语句,声明了一个引用,n是m的别名,它们同样被使用,一起变化。注意到在声明引用的时候,必须给它赋初值,不赋初值,就不能定义引用,并且不能在程序当中改变引用的目标。也就是说引用必须确定是哪个变量的别名,一旦确定,则不能再改为其他变量的别名。

引用和变量一样被使用,可以放在表达式里进行运算,也可以将其地址赋给一个指针,但作为函数的参数和函数的返回值的时候,引用就能起到和变量不同的作用。下面通过例3.23考查引用调用的结果。

【例3.23】 用引用来实现两个数值的交换。
程序如下:

```
#include<iostream.h>
```

```
void swap(float &x,float &y)
{    float a=x;
     x=y;
     y=a;
}
void main()
{    float m=6,n=27;
     cout<<"交换前："<<endl;
     cout<<endl<<"m="<<m<<endl;
     cout<<"n="<<n<<endl;
     swap(m,n);
     cout<<"交换后："<<endl;
     cout<<endl<<"m="<<m<<endl;
     cout<<"n="<<n<<endl;
}
```

执行此程序,得到运行结果如下所示。

交换前
m=6
n=27
交换后
m=27
n=6

可以看到,程序确实实现了两个变量值的互换。形参 x、y 是实参 m、n 的引用,它们的值同时被改变。

3.4.5 函数的默认参数

函数的默认参数也称为缺省参数,是指在函数定义或声明时,就将其中一个或多个参数进行初始化赋值,使函数在调用时该参数就默认使用这个值。

例如,有一个函数的定义是：float gh(float m,float n,float p=9),则参数 p 的默认值为 9,若函数调用只给出 2 个参数,那么第 3 个参数就默认是 9。

下面两条语句的功能是相同的：

gh(6,8,9);
gh(6,8);

如果传给形参 p 的值不是 9 的话,那么形参就取被传的值。但有一点应该注意,有默认值的参数都应该放在参数表的最后。gh(float m,float n=0,float p=9)是正确的,因为 n、p 在参数表的最后；但是 gh(float m=10,float n=0,float p)是错误的,因为 m、n 不在参数表的最后。

3.5 函数的重载

自然语言中同一个词经常有多个意思,比如"打"字,有"打水"、"打折"、"打仗"等,显然,"打"字在这里的意思是不相同的。同样的道理,在C++程序中,为了方便,也可以给多个功能相同的函数起相同的名字,由系统来决定应该调用哪个函数,这样就减轻了编程的负担,不必为同一个功能函数起很多个名字,这就是函数的重载。既然名字是相同的,系统怎样知道该调用哪个函数呢?系统是根据参数个数的不同或者参数类型的不同来加以区分的。这两种情况将分别在 3.5.2 节和 3.5.3 节中予以介绍。

3.5.1 函数参数类型重载

函数参数类型重载是函数的参数个数相同,但在函数的对应参数中,至少有一个类型不同,对这些函数进行重载。

【例 3.24】 重载 meet 函数。函数 meet 有两个功能,如果它的两个参数是 char 型的,那么 meet 函数将两者结合起来输出,如果它的两个参数是 double 型的,那么 meet 函数将输出两者的和。

```
#include<iostream.h>
void meet(char x,char y)
{    cout<<"字符串是:";
     cout<<x<<y<<endl;
}
void meet(double x,double y)
{    cout<<"2 数的和是:";
     cout<<x+y<<endl;
}
void main()
{    meet('a','b');
     meet(5.6,7.3);
}
```

运行结果为:

字符串是:ab
2 数的和是:12.9

程序在运行时,编译器会根据参数类型判别执行哪一个函数体。

【例 3.25】 重载函数 abs(),求 int、float 和 double 类型数据的绝对值。

重载函数如下:

int abs(int x)

```
{
    if(x>=0)return x;
    else return-x;
}
float abs(float x)
{
    if(x>=0)return x;
    else return-x;
}
double abs(double x)
{
    if(x>=0)return x;
    else return-x;
}
void main()
{   int a=-357;
    float b=63.85;
    double c=-6974.26;
    cout<<abs(a)<<'\t'<<abs(b)<<'\t'<<abs(c)<<endl;
}
```

运行结果为：

357   63.85   6974.26

3.5.2 函数参数个数重载

函数参数个数重载就是函数的参数个数不同，从而对函数进行重载。

【例3.26】 求若干个参数当中的最大值，根据参数个数的不同调用不同的max()函数。

```
#include<iostream.h>
float max(float x,float y)
{
    if(x>y)return x;
    else return y;
}
float max(float x,float y,float z)
{   float b=max(x,y);
    return max(b,z);
}
void main()
{
    cout<<max(1,2)<<endl;
    cout<<max(1,2,3);
}
```

运行结果为：

2
3

系统根据参数的个数，正确选择执行函数。

3.6 系统函数的调用

系统函数是一些被验证的、高效率的函数，进行程序设计时，应优先选用系统函数。C++提供了很多常用的系统函数，为程序员的使用带来了很大方便。由于系统函数都是预先定义好的，因此在使用之前应该先声明函数的原型。系统已经将各个函数的声明分类放在各个头文件中，使用时只要在程序前面加入正确的头文件就可以调用。比如已经接触到的头文件：

```
#include<iostream.h>
#include<math.h>
#include<string.h>
```

程序的开头有了这样的语句，在程序当中，就可以调用系统已经定义好的 sin()、sqrt()、strcpy()、strlen()等函数。

要调用系统函数，既要知道系统提供了哪些函数，也要知道这些函数的声明是放在哪个头文件中，这就需要在使用前查一下用户手册，或从 Visual C++ 的 msdn 中得到帮助。

【例 3.27】 应用 math.h 中定义的 sin()函数，求解 0.05 到 π/4 之间的正弦函数值。

```
#include<iostream.h>
#include<math.h>
void main()
{   double pi=3.14,x=0.05;
    int i=0;
    while(x<pi/4)
    {   cout<<"sin("<<x<<")="<<sin(x)<<'\t';
        x=x+0.05;                         //步长取 0.05
        i++;
        if(i==3){i=0;cout<<endl;}         //3 个数一行
    }
    cout<<endl;
}
```

运行结果为：

sin(0.05)=0.0499792   sin(0.1)=0.0998334   sin(0.15)=0.149438
sin(0.2)=0.198669   sin(0.25)=0.247404   sin(0.3)=0.29552
sin(0.35)=0.342898   sin(0.4)=0.389418   sin(0.45)=0.434966

sin(0.5)=0.479426   sin(0.55)=0.522687   sin(0.6)=0.564642
sin(0.65)=0.605186   sin(0.7)=0.644218   sin(0.75)=0.681639

3.7 例题分析和小结

3.7.1 例题

【例 2.28】 求下列表达式运算后 x 的值(int x=1;)：
(1) x+=x
即   x=x+x
得   x=2
(2) x/=x*5+x%5
即   x/=5+1
        x=x/6
得   x=0

【例 3.29】 填空。
(1) 根据表达式的值选择执行操作的控制结构是_____。
(2) 已知语句或语句序列的执行次数时,可以选用的控制结构是_____。
(3) 不能确定语句或语句序列的执行次数时,可以选用的控制结构是_____。
(4) 根据条件为 true 或 false 选择执行操作的控制结构是_____。
本题考查的是基本概念：
(1) switch 语句。
(2) for 语句。
(3) while 语句或 do-while 语句。
(4) if 语句。

【例 3.30】 指出下面语句的错误(float k;)。
(1) if k>9 cout<<" k 大于 9.";
(2) if(k>9);cout<<" k 大于 9.";
(3) if(k/9)cout<<" k 大于 9.";
根据前面学习的 if 语句的知识知道：
(1) 条件表达式应该用()括起来。
(2) 条件表达式后不应该有";"。
(3) k/9 不是合法的条件表达式。

【例 3.31】 执行下面的循环语句,分析运行后变量 m 的值。
int m=0;
for(int j=1;j<=5;j++)

```
for(int k=1;k<=6;k++)
    for(int p=1;p<=7;p++)m++;
```

第一层循环语句执行了 5 次,第二层循环语句执行了 6 次,第三层循环语句执行了 7 次,共执行 5*6*7=210 次,每次执行一次 m 的值加 1,所以 m 的值是 210。

【例 3.32】 下面的 while 结构错在哪里?

```
while(z>=0)
    sum+=z;
```

循环结构里没有改变 z 的值,因此该循环结构是个死循环。

【例 3.33】 设 $f_0=1, f_2=1, f_n=f_{n-1}+f_{n-2}$ 编程求对任意指定的 n 的 f_n 的值。

程序如下:

```
#include<iostream.h>
int f(int n)
{
    if(n==0)return 1;
    else if(n==1)return 1;
    else return f(n-1)+f(n-2);
}
void main()
{   int n;
    cout<<"请输入 n: "<<endl;
    cin>>n;
    if(n>=0)cout<<f(n);
    else cout<<"不是自然数";
}
```

【例 3.34】 有一种运算符称为条件表达式,可以在某些情况下起到 if 语句类似的作用,条件表达式的结构是"<条件>? <操作数 1>:<操作数 2>"。其运算规则是,若条件的逻辑值为 true,则表达式的运算结果为操作数 1 的值,否则运算结果为操作数 2 的值。

应用条件表达式求函数:

$$f(x) = \begin{cases} -1, & x \leqslant 0 \\ 1, & x > 0 \end{cases}$$

程序如下:

```
#include<iostream.h>
int f(int x)
{
    return x<=0?-1:1;
}
void main()
{   int g=3;
    cout<<"结果是:"<<f(g)<<endl;
    g=-5;
```

```
        cout<<"结果是："<<f(g)<<endl;
}
```

运行结果为：

结果是：1
结果是：-1

【例3.35】 计算机能否正确识别下面几组重载的函数？

第一组：

```
float count(float * s)
float count(float s)
```

第二组：

```
float count(float * x,float y)
float count(float x,float * y)
```

第三组：

```
int count(float g)
float count(float g)
```

第四组：

```
int count(short g)
int count(long g)
```

第五组：

```
int g(int x,int y,int z=10)
int g(int x,int y)
```

第一组是可以区分的，因为传给第一个函数的实参是一个 float 型的数的地址，而传给第二个函数的参数是一个 float 型的常量或变量。两者很容易区分出来。

第二组也是可以区分出来的，虽然参数的个数及类型都是一样的，但是两者的顺序是不同的，在这种情况下，函数也是可以被区分的。

第三组不可以被区分，因为两者仅仅返回值的类型是不同的，仅凭这一点编译器是不能做出区分的。

第四组可以区分，根据实参变量的类型区分。

第五组不可以被区分，如果调用第一个函数使用函数的默认值，将只需要两个参数，无法知道该调用哪个函数。

【例3.36】 下面的函数调用语句中，实参的个数分别是多少？

```
g(g(f,b,n)+3,g(3,4,5),f+b)
vv(g(1,2,3),h(5,6))
bb((bb(v,b),g),bb(bb(b,n),bb(n,m)))
```

参数的个数分别是3、2、2个。

【例 3.37】 函数有几个形参,则调用语句中一定要含有多少个参数吗?

不一定。如果函数有些参数定义了默认值,就可以使用它们,因此传递参数时就可以少一些。

3.7.2 解题分析

本章主要介绍语句和函数的概念,上面的例题给出了各种典型问题的解题思路。

程序设计语言中最基本的语句是赋值语句,把表达式的值赋给变量。if 条件语句是最基本的选择语句,条件表达式的值为真时执行后面的语句,否则执行 else 后面的语句。循环语句的使用要根据不同的条件进行选择,特别注意是否明确:可能没有、至少一次还是具体的多少次。条件语句和循环语句都可以是嵌套结构,并且可以相互嵌套。

函数要先定义后使用,函数可以有默认值,函数名可以重载。重载函数时,函数不能有二义性。即在一个函数调用形式下,重载的两个函数不能都可以使用。

3.7.3 小结

本章介绍了 C++ 中最基本的语法单位:语句和函数。语句组成函数,函数构成程序。

赋值语句是 C++ 最基本的语句,赋值语句就是把表达式的值赋给变量。选择语句是根据不同的条件做出流程选择,if 选择结构是单项选择,一次只判断一个条件是否成立,为真就执行表达式后面的语句,否则执行 else 后面的语句;switch 语句是多重选择,多重选择,就是一个表达式,依次与列出的值进行比较,相等就执行后面的语句。循环语句有三种基本的结构,一般采用 while 结构。根据是否知道运行次数,是否至少执行 1 次选用 for 结构或 do-while 结构。break 语句可以让程序跳出循环体或其他结构体,continue 语句可以跳到循环体的开头。

函数是 C++ 程序的基本结构,C++ 程序有一个主函数 main(也称主程序)和若干个子函数组成,程序从主函数 main 开始执行,主函数可以调用子函数,子函数之间可以互相调用。C++ 系统提供了丰富的库函数,程序中只要包含库函数头文件,就可以使用库函数。函数名重载使一个函数可以有若干个功能,重载函数的参数表不能是完全相同的,函数参数可以有默认值,默认值必须在参数表的最后面。函数参数有传值和引用两种,只有引用参数才能返回函数的计算结果。

实训 3 职工信息处理和趣味取球

1. 实训题目 1

对某一单位的职工进行工资调整。职工的信息有姓名(name)、年龄(age)、工龄(worktime)、性别(sex)、婚姻状况(marrige)、级别(grade:1~5 级)、工资(wage)、是否退休(tired)。规定凡是退休职工一律增加工资 50 元,在职 1～5 级职工的工资分别增加 20、40、60、80、100。编程实现上述的工资调整。

2. 实训 1 要求

(1) 分析要存放的信息及要进行的操作,设计合适的数据结构。
(2) 分析要对信息进行的操作,选择合适的语句。
(3) 在程序中打印出执行前后的工资状况和级别,以便验证程序的正确性。

3. 实训题目 2

已知袋中有若干个白球和黑球,每次从中取出两个球。如果取出的两个球为同色,则放回一个白球(袋外有足够的白球);如取出的两个球为异色,则放回一黑球。试设计取球过程的模拟程序,并判断最后剩下的一个球的颜色。

4. 实训 2 要求

(1) 用循环语句实现重复取出球的操作。
(2) 用函数实现一次取球,由随机数决定取出球的颜色。
(3) 选择条件语句来处理取得不同颜色球后的情况。
(4) 打印每次取出的两个球的颜色。
(5) 分析程序的执行结果。

习 题 3

3.1 求下列赋值语句分别执行后变量 x 的值:

int x= 1,y= 8;

(1) x＝y (2) x＊＝5－3 (3) x＝y＊3－6 (4) x＝(＋＋x+1)＊y+1

3.2 使用 if-else 语句和 if 语句分别编程实现,求两个整数中的最大者。
3.3 下列程序在输入 7、3 之后的执行结果是_____,若输入 3、7 之后的执行结果是_____。

```
#include<iostream.h>
void main()
{   int m,n,x,y;
    cin>>x>>y;
    m=1;
    n=1;
    if(x>0)m=m+1;
    if(x>y)n=m+n;
    else if(x==y)n=6;
```

```
    else n=3*m;
    cout<<"m="<<m<<"n="<<n<<endl;
}
```

3.4 分析下面程序的执行结果。

```
#include<iostream.h>
void main()
{   int i=0,j=7;
    if(i==1)
        if(j==7)   cout<<"OK";
    else   cout<<"NOT OK";
}
```

3.5 根据考试成绩的等级 A、B、C 和 D,输出对应的百分制分数段,A 对应 85~100,B 对应 70~84,C 对应 60~69,D 对应 0~60。

3.6 执行完下列语句后,n 的值为多少?

int n;
for(n=0;n<100;n++)

3.7 使用 for 语句编程求自然数 1~100 之和。

3.8 用 for 语句、while 语句和递归函数三种方法计算 $n!$。

3.9 判断正误,不正确的请说明原因。

(1) switch 选择结构中必须有 break 语句。
(2) switch 选择结构的 default 后必须有 break 语句。
(3) if(k/=9)cout<<"好的";。
(4) for(int I=0;I<=8;k++)cout<<"好的";。
(5) while(k=9){k--;cout<<"好的";}。

3.10 比较 break 语句与 continue 语句的不同用法。

3.11 用 for 循环编程画出下列图形:

```
#
##
###
####
#####
######
#######
########
#########
##########
```

3.12 定义一个整型的二维数组,并将各数组元素都赋初值1。

3.13 分析下面程序,写出运行结果。

```
#include<iostream.h>
void main()
  {
   int a[10]={77,83,72,54,92,65,75,81,43,96};
   int b[5]={60,70,80,90,100};
   int c[5]={0};
   for(int i=0;i<10;i++)
     {
      int j=0;
      while(a[i]>=b[j])j++;
      c[j]++;
     }
 for(i=0;i<5;i++)cout<<c[i]<<"";
 cout<<endl;
}
```

3.14 什么叫做作用域？什么叫做局部变量？什么叫做全局变量？

3.15 函数声明可以放在程序中的什么地方？

3.16 判断下面的C++程序能不能编译通过，为什么？

```
#include<iostream.h>
main()
  {
   int a,b,c;
   cout<<"Enter two numbers:";
   cin>>a>>b;
   c=add(a,b);
   cout<<"sum is: "<<c;
   return 0;
  }
add(int a,int b)
  {return a+b;}
```

3.17 一个函数可以使用多个return语句吗？

3.18 编写函数，判断一个数是否是质数，在主程序中实现输入和输出。

3.19 写出下面程序的运行结果。

```
#include<iostream.h>
void func(int a,int b,int c=4,int d=5)
  {
   cout<<a<<'\t'<<b<<'\t'<<c<<'\t'<<d<<endl;
  }
void main()
  {
   func(10,25,35,40);
```

```
        func(10,11,12);
        func(13,13);
}
```

3.20 编程实现由圆的半径得到圆的面积,其中半径可以为短实型 float,也可以为双精度实型 double。

3.21 选择函数重载的理由是什么?

3.22 函数的返回值的类型是由什么决定的?

3.23 编程查找一个二维字符数组里为'a'的元素的个数。

3.24 函数的定义如下:

$$\text{bin}(n,k) = \begin{cases} 1, & n = k \\ \text{bin}(n,k+1) * (k+1)/(n-k), & n > k \\ 0, & n < k \end{cases}$$

n 和 k 均为整数,试编写程序计算此函数。

3.25 编写一个函数,实现对浮点数四舍五入的功能,该浮点数通过引用参数进行传递。

3.26 用 stdlib.h 函数库中的随机函数 rand,编写一个程序随机给出 1~100 中的两个数,让练习者求出两数之和,可以求两次,对了则打印"真棒,算对了",否则显示"真遗憾,算错了"。

第 4 章 面向对象基本概念与类

C++是一种面向对象的程序设计语言。类(class)是C++语言程序设计的核心。类是用户定义的一种新的数据类型。本章将讨论面向对象的基本概念,学习怎样定义简单的类。

4.1 面向对象程序设计的基本概念

长期以来,人们一直在试图解决这样一个不合理的现象:人类认识一个客观事物的过程和方法与人类分析、设计一个信息系统的过程和方法不一致。

人类对客观事物的认识是一个循序渐进的过程。如认识一辆汽车,首先知道汽车有驾驶室、发动机、车斗、车轮等。每个部分都是独立结构,装起来就是一部汽车。接着进一步研究汽车的发动机,或者研究其他部分。传统的分析、设计一个信息系统的方法是面向过程的。将客观事物分解成人为的过程,再编制出程序,增加了出错的可能性,无法研制出大规模的信息系统。

为了解决这种不合理现象,必须使用一种与人们认识客观事物的过程一致的方法,这就是面向对象的方法。C++语言是当今最流行的一种面向对象的程序设计语言。

面向对象程序设计模仿了人们建立现实世界模型的方法。在人类祖先创造的词汇中,大多数名词都表示一类对象,如河流、桌子、足球、国家、水稻、猴子等,它们都有一组属于自己的属性和行为特征。在一个停满各种型号、各种品牌、各种颜色的汽车的停车场中,可以提炼出称作"汽车"的类,这就允许人们专心致志地发现和总结有关"汽车"的概念,无须将注意力分散到有关任何一辆汽车的具体细节中去。

本节将讨论面向对象程序设计的基本概念:对象和类,介绍面向对象程序设计的三个主要性质:封装、继承和多态。

4.1.1 对象

在现实世界中客观存在的事物都被称为对象。一本书是一个对象,一张桌子是一个对象,一条河是一个对象,一家图书馆也是一个对象。对象是构成世界的一个独立单位。复杂的对象可以由简单的对象组成。一家图书馆对象可以包含里面存放的多本书对象,一个教室对象可以包含里面的课桌对象、黑板对象、讲台对象等。

C++中的一个对象是描述客观事物的一个实体。它是构成信息系统的一个基本单位。对象由对象名、一组属性和一组操作构成。属性由数据表示,操作由函数实现。

对象的结构如图 4.1 所示,一个对象由一个对象名、若干个属性和若干个操作三部分组成。

【例 4.1】 将图形中的一个"点"表示成一个简单对象。

点有坐标位置(x,y)属性,点有显示、隐藏、移动等操作。如图 4.2 所示,点对象包括点的属性和关于点的操作两大部分。对象名是"点 A",(3,5)是点 A 的位置,x 坐标为 3,y 坐标为 5;其操作是可以显示也可以隐藏,还可以移动点的位置,移动后表示点的位置的属性值就会改变。

图 4.1 对象模型

图 4.2 对象点 A 的结构

【例 4.2】 建造表示学生张强的对象,包括姓名张强、2 年级、男生、程序设计成绩 89 分等信息。可以显示张强的这些信息,可以修改年级,可以输入程序设计成绩。

张强这个学生对象有属性数据:姓名、年级、性别、程序设计成绩;有操作:显示姓名、显示年级、显示性别、显示程序设计成绩、修改年级、输入程序设计成绩。

图 4.3 表明了学生张强的对象结构,对象名是 Zhang。

同一个对象在不同的信息系统中,由于用途的不同,可以有不同的属性和不同的操作。例如在学生管理信息系统中,教学秘书最关心的是学习成绩,辅导员最关心的是思想表现,学校领导最关心的是升级还是留级。

【例 4.3】 建造表示学生张强的对象,用于档案管理,包括姓名张强、男生、家住郑州市,父亲张山在银行工作,母亲王英在邮局工作;可以显示张强的这些信息,可以修改父母亲的工作,可以修改家庭住址。

对象张强有属性数据:姓名、性别、父亲姓名、父亲单位、母亲姓名、母亲单位;有操作:显示信息、修改父亲工作、修改母亲工作、修改家庭住址。

张强的又一个对象如图 4.4 所示,对象名是 Qiang。

同是张强对象,由于在信息系统中的用途不同,从图 4.3 和图 4.4 中可以看出,它们的属性和操作有很大区别。

图 4.3 学生张强的对象结构　　　　　图 4.4 学生张强又一个对象

4.1.2 抽象

抽象是人类认识问题的最基本手段之一。面向对象方法中的抽象是指对每一类对象进行概括,抽出这类对象的公共性质并用计算机语言加以描述的过程。把具有相同属性和相同操作的一些对象抽象为一个类,这些对象都是这个类的实例。类的实例与对象的含义是一样的。对于学生管理系统,一个学校有许多学生,不仅有张强,还有赵海、孙珊、王毅等。可以把这些一个一个的具体学生对象抽象为学生类,而每个具体的学生(如赵海、孙珊等)都是学生类的实例,或称作为由学生类生成的对象。

一个类实质上是定义了一种对象类型,它描述了属于该类型的所有对象的属性和操作。例如C++提供的 int 类型,它的名字是 int,定义了一个整数属性,定义了可以进行加减乘除等操作,"6"和"8"等具体整数都是 int 类的对象。一个类的不同实例具有相同的操作和相同的属性定义,但可以有不同的属性值,不同的实例必须有不同的对象名。

显然,类也应该由三部分组成:类名、一组属性和一组操作。基本结构如图 4.5 所示。类的属性只是性质的说明,对象的属性是具体的数据。

【例 4.4】 设计一个表示点的类。

如图 4.6 的点类说明表示点位置的两个实数,定义一个表示点的数据类型。类名是 Point。点类可以有操作显示、隐藏和移动。

图 4.5 类模型的结构　　　　　图 4.6 点类的结构

【例 4.5】 设计一个简单的时钟类。

世界上有成千上万座时钟,通过分析,容易看出需要 3 个整型数来存储时间,分别表示时、分和秒,也就是把时钟表示的时间抽象为表示时、分、秒的 3 个整数,这是时钟的属性;对时钟可以进行显示时间和设置时间等简单的操作,这就是把时钟的行为抽象为两个操作。命名这个时钟类为 Clock,得到如图 4.7 所示的时钟类结构。

在图 4.7 中,整型数 H 表示小时,整型数 M 表示分,整型数 S 表示秒,双斜线后面的汉字是注释,函数 Display()表示显示时钟的时间,函数 Set(int,int,int)表示设置时钟的时间,三个参数分别表示时、分、秒。

【例 4.6】 建立一个表示人的基本信息的类,包括身份证号码、姓名、性别、出生日期等信息,能够进行查找、显示操作。

人的基本信息的类,起名为 Person。根据题意,Person 类有属性身份证号码、姓名、性别和出生日期,身份证号码、姓名由字符串表示,性别由字符表示,出生日期由 3 个整数表示。Person 类的操作应该有根据身份证号码查找和根据姓名查找,还应该有显示操作。得到如图 4.8 所示的结构,其中 No 为身份证号码,Name 为姓名,Sex 为性别,Y、M、D 分别表示出生日期的年、月、日;Display()是显示操作,FindNo(char [])是根据身份证号码查找,函数的参数是身份证号码,FindName(char [])是根据姓名查找,函数的参数是姓名。

图 4.7　时钟的类结构

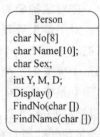

图 4.8　人的类结构

4.1.3　封装

封装是一种信息隐藏技术。在面向对象程序设计中,通过封装,可以将一部分属性和操作隐藏起来,不让使用者访问,另一部分作为类的外部接口,使用者可以访问,这样可以对属性和操作的访问权限进行合理控制,减少程序之间的相互影响,降低出错的可能性。

封装的定义如下:

(1) 一个清楚的边界。对象的所有属性和操作被限定在这个边界内。

(2) 一个外部接口。该接口用以描述这个对象和其他对象之间的相互作用,就是给出在编写程序中用户可以直接使用的属性数据和操作。

(3) 隐藏受保护的属性数据和内部操作。类提供的功能的实现细节和供内部使用、修改的属性数据,不能在定义这个对象的类的外部访问。

在 C++语言中,对象的结构由类描述,每个类的属性和操作可以分为私有的和公有的两种类型。对象的外部只能访问对象的公有部分,不能直接访问对象的私有部分。

【例 4.7】 应用封装概念,设计一个简单的时钟类。

在例 4.5 中,需要 3 个整型数来存储时间,分别表示时、分和秒;对时钟可以进行显示时间和设置时间等简单的操作,就是把时钟的行为抽象为两个操作。用户操作时钟只需要显示时间和设置时间,没有必要打开时钟修改它的时、分、秒,可以避免不懂时钟结构的人搞坏时钟,于是就把时、分、秒设置为私有部分,把显示时间和设置时间定义为公有部分。现在命名这个时钟类叫 ClockOK,得到时钟类的结构如图 4.9 所示。

人们可以通过外部接口函数 Set(int,int,int)来设置和修改时钟的时间,不必直接对 H、M、S 这 3 个整型数赋值,也不必关心 Set(int,int,int)函数怎样设置和修改时钟的时间。这样规定是合理的,既减少了劳动,又避免了错误,这是面向对象程序设计的一个突出优点。

【例 4.8】 应用封装概念,建立一个表示人的基本信息的类,包括身份证号码、姓名、性别、出生日期等信息,能够进行查找、显示操作。

在例 4.6 中,设计了人的基本信息类 Person,下面进一步考虑封装,设计命名为 PersonOK 的人的基本信息类。与例 4.6 同理,PersonOK 类也有属性身份证号码、姓名、性别和出生日期,身份证号码、姓名由字符串表示,性别由字符表示,出生日期由 3 个整型数表示。Person 类的操作应该有根据身份证号码查找和根据姓名查找,还应该有显示操作。把身份证号码、姓名、性别和出生日期作为私有的,一般用户不能修改,把根据身份证号码查找、根据姓名查找和显示操作作为公有的。得到结构如图 4.10 所示,用户可以通过 Display()显示身份证内容,可以通过 FindNo(char [])和 FindName(char [])进行查找。

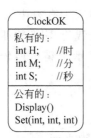

图 4.9 时钟的类结构

图 4.10 人的类结构

封装为程序设计者提供了保护机制。就如一台电视机把线路、部件封装在机箱里,用户通过电视机外面的操作按钮实现对电视机的操作,方便了用户,也保护了电视机的部件不被误操作。封装的类也是这样,保护了类的一些属性和操作不被误使用。

4.1.4 继承

人们认识客观世界的过程是一层一层不断深入的过程,在这种认识事物的过程中形成了一个层次结构。如猫科动物,有猫、虎、豹,猫又可以分为家猫和野猫,虎可以分为东北虎、华南虎,豹可以分为金钱豹、印度豹等,形成了一个如图 4.11 所示的层次结构图。

生物的分类与 C++ 的继承机制非常相似。在对一些新的对象进行分类之前,首先要

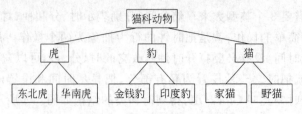

图 4.11 猫科动物的分类图

搞清楚它们的共同特征是什么？较大的差别是什么？接着把差别不大的分为一类，再找出这一类的共同特征，逐步地细化，形成一个层次结构。最高层是最普通的，特征最简单，越往下层越具体。一旦高层类的某个特征被定义下来，所有在它之下的种类就包含了该特征，不必再重新定义。实现了软件的重用。

例如，昆虫分为有翅昆虫和无翅昆虫，有翅昆虫又分为蝴蝶、蜻蜓等。没有必要再说明蝴蝶和蜻蜓有翅膀，因为它们是有翅动物，它们继承了有翅动物的所有特征。昆虫的特征继承情况如图 4.12 所示。

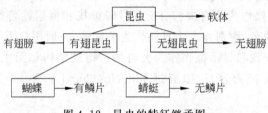

图 4.12 昆虫的特征继承图

同样道理，猫、虎、豹都继承了猫科动物的爪能伸缩、适应于有力撕咬等特征。东北虎、华南虎都继承了虎体型较大、身体有黑色横斑的特征；金钱豹、印度豹都继承了豹体型较大，身体有黑色点斑和环状斑的特征；家猫和野猫都继承了猫体型较小的特征，如图 4.13 所示。

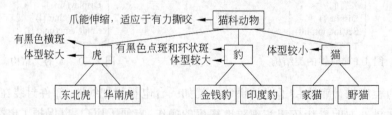

图 4.13 猫科动物的特征继承图

在 C++ 中，继承是新建的类从已有的类那里得到已有的特征。已有的类称为基类或父类，由继承基类产生的新建类称为派生类或子类。由父类产生子类的过程称作类的派生。继承有效地实现了软件的重用，增强了系统的可扩充性。

4.1.5 多态

在 C++ 的类中，相同的函数名可以有若干个不同的函数体，在调用同一函数时由于环境的不同,可能引起不同的行为,这种功能被称为多态。也就是类中具有相似功能的不同函数使用同一个函数名。

多态是人类思维方式的一种模拟。在人们的日常生活中,常常把"下围棋"、"下跳棋"、"下象棋"、"下军棋"等统称为"下棋"。也就是用"下棋"这同一个名称,包含"下围棋"、"下跳棋"、"下象棋"、"下军棋"等这些类似的活动。

在C++中,经常用到求2个数的最大值和求3个数的最大值,有了函数名重载就可以用同一个函数名 Max 来实现。函数名重载是实现多态的一种手段,两个同名的 Max 函数如下:

```
int Max(int x,int y){
    if(x<y)return y;else return x;
}
int Max(int x,int y,int z){
    int k;
    if(x<y)   k=y;else k=x;
    if(k<z)return z;else return k;
}
```

多态既表达了人类的思维方式,又减少了程序中的标识符的个数,方便了程序员编写程序。多态是面向对象程序设计的一个重要机制。

4.2 类

在C++中,类也是一种数据类型,是程序员可以用声明语句说明的数据类型。类同前面讲的 int、float 等基本数据类型一样,可以生成类的变量。由类生成的变量,不再称作变量,而称为对象。类有比基本类型更强大的功能,不仅包括这种类型的数据结构,还包括对数据进行操作的函数。类是数据和函数的封装体。

4.2.1 类的定义

下面先定义一个关于长方形的类,它包括长和宽两个数据,设置长和宽、求周长、求面积等操作。长方形类定义如下:

```
class Rect {
    private:
        float x,y;                        //实型数据长和宽
    public:
        void set(float a,float b);        //设置长和宽函数
        float peri();                     //求周长函数
        float area();                     //求面积函数
};
```

在长方形类中封装了关于长方形的数据和函数,在类中数据称为数据成员,函数称为成员函数。

再看一个表示人的基本信息的简单类:

```
class Person {
    private:
        char name[8];                       //字符串表示姓名
        int age;                            //整型年龄
        char sex;                           //字符型性别
    public:
        void set(char * str,int a,char s);  //设置姓名、年龄和性别
        void print();                       //显示姓名、年龄和性别
};
```

在类的定义中,首先用关键字 class 声明类的名称,如 Rect 和 Person;然后声明类的数据成员,如 x、y、name、age、sex;最后声明类的成员函数,如 set、peri、area、print。关键字 private 和 public 说明了类的数据和函数的访问权限。

类定义的一般形式为:

```
class<类名>{
    private:
        <私有的数据和函数>
    protected:
        <保护的数据和函数>
    public:
        <公有的数据和函数>
};
```

类的定义包括了以下 4 部分:

(1) 关键字 class 和类名,类名是程序员为类起的名字,可以用除关键字以外的任何字符串表示;

(2) 左花括号"{";

(3) 声明数据和函数,数据就是用类型说明C++变量,函数就是一般的C++函数;

(4) 右花括号"}"和分号";"。

例 4.7 的时钟类可以定义如下:

```
class ClockOK {
    private:
        int H,M,S;                  //时、分、秒
    public:
        void Display();
        void Set(int,int,int);
};
```

注意在定义类时,最后的分号";"不可省略。

4.2.2 类的数据成员

数据成员是类的一个重要组成部分。类的数据成员同结构 struct 中的数据是一致的,不仅定义的语法形式一样,使用的语法形式也一样。

【例 4.9】 用 struct 和 class 分别建立学生基本信息的数据结构,包括姓名、年龄、性别、身高等数据。

首先要分析一下每项数据的数据类型,姓名为 8 个字符的数组,年龄是整型数,性别可以是一个字符,身高是整型数。用 struct 建立结构类型如下:

```
struct student1{
    char name[8];
    int age;
    char sex;
    int height;
};
```

用 class 建立与 struct 等价的结构类型如下:

```
class student2{
   public:
        char name[8];
        int age;
        char sex;
        int height;
};
```

上面建成的两个类 student1 和 student2 是完全等价的,它们都包含了姓名、年龄、性别、身高等数据。

【例 4.10】 建立一个表示日期的类,只定义数据成员。

表示一个日期需要 3 个整型数:年、月、日,假设用 Date 表示日期类的类名,用整型变量 Year 表示年,整型变量 Month 表示月,整型变量 Day 表示日,不设计对日期的操作,得到日期类为:

```
class date {
    public:
        int Year;
        int Month;
        int Day;
};
```

Year、Month、Day 的说明可以放在一起,其结构如下:

```
class date {
        public:
```

```
        int Year,Month,Day;
};
```

Year、Month、Day 三个变量之间用逗号分开。

【例 4.11】 建立一个表示时间的类，只定义数据成员。

与例 4.10 同样道理，表示时间也需要 3 个整型数：时、分、秒，用 ShiJian 表示时间类的类名，用整型变量 Shi 表示时，整型变量 Fen 表示分，整型变量 Miao 表示秒，不考虑对时间的操作，得到时间类为：

```
class ShiJian {
    public:
        int Shi;
        int Fen;
        int Miao;
};
```

或写成：

```
class ShiJian {
    public:
        int Shi,Fen,Miao;
};
```

在例 4.10 和例 4.11 中可以看出，类的名称和数据成员的名称是程序员给的，可以用英文单词，可以用汉语拼音，也可以用程序员感兴趣的其他字符串。

类的数据成员是类的基础，应该正确、完整地定义类的数据成员。

4.2.3 类的成员函数

成员函数实现对类中数据成员的操作，它描述了类的行为。由于对象的封装性，类的成员函数是对类的私有数据成员进行操作的唯一途径。

1. 成员函数的声明

在类中声明成员函数同声明数据成员类似，先看一个例子。

【例 4.12】 建立一个表示日期的类，可以设置日期和显示日期。

由例 4.10 可知，表示一个日期需要 3 个整型数：年、月、日。用 Date 表示日期类的类名，用整型变量 Year 表示年，整型变量 Month 表示月，整型变量 Day 表示日，Set 函数表示设置日期，Display 函数表示显示日期，得到日期类为：

```
class Date {
    private:
        int Year;
        int Month;
        int Day;
```

```
    public:
        void Set(int y,int m,int d);           //成员函数
        void Display();                        //成员函数
};
```

一般地,类的成员函数声明的结构如下:

<类型><成员函数名>(<参数表>);

类型是成员函数的返回值类型,如果没有返回值,则类型为 void。成员函数名是一般的函数名。参数表是函数的形式参数表,如 Date 类中 Set 函数中的 int y、int m 和 int d。
注意类的每个成员函数声明中最后的分号是不可以省略的。

【例 4.13】 建立一个表示时间的类,可以设置时间和显示时间。

与例 4.11 同样道理,表示时间需要 3 个整型数:时、分、秒。用 ShiJian 表示时间类的类名,用整型变量 Shi 表示时,整型变量 Fen 表示分,整型变量 Miao 表示秒,Set 函数表示设置时间,Display 函数表示显示时间,得到时间类为:

```
class ShiJian {
    private:
        int Shi,Fen,Miao;
    public:
        void Set(int S,int F,int M);           //成员函数
        void Display();                        //成员函数
};
```

Set 函数和 Display 函数都不需要返回值,所以都为 void 类型。Set 函数有 3 个整型参数分别表示时、分、秒,Display 函数没有参数。参数表中的参数可以只说明参数类型,而省略变量标识符。时间类可以写为:

```
class ShiJian {
    private:
        int Shi,Fen,Miao;
    public:
        void Set(int,int,int);                 //省略了变量标识符的成员函数
        void Display();
};
```

为了程序的可靠性,一般隐藏类的数据成员,而由类的成员函数实现对类的数据成员的操作。

2. 成员函数的实现

成员函数的声明只是说明类中需要这样一个成员函数,具体这个成员函数执行什么操作,现在还不知道,需要进一步定义这个成员函数,来实现它的操作功能。
成员函数定义的结构如下:

```
<类型><类名>::<成员函数名>(<参数表>)
{
    <成员函数体>
}
```

成员函数定义的结构与普通函数不同的地方是,在类型和成员函数名之间加了一个类名和双冒号"::"。::是作用域运算符,用来标识成员函数或数据是属于哪个类的。实现成员函数时参数表中的形参变量标识符不能省略。

【例 4.14】 实现例 4.12 中 Date 类中的成员函数。
它的类名是 Date,所以有

```
void Date::Set(int y,int m,int d)
{   Year=y;                        //设置年份
    Month=m;                       //设置月份
    Day=d;                         //设置日
}                                  //设置日期函数结束
void Date::Display()
{   cout<<"日期为:"<<endl;          //显示"日期为:",回车
    cout<<"\t"<<Year<<"年";         //空几格后,显示年份
    cout<<Month<<"月";              //显示月份
    cout<<Day<<"日"<<endl;          //显示日,回车
}
```

若日期是 2008 年 6 月 10 日,则运行结果为:

日期为:
  2008 年 6 月 10 日

【例 4.15】 实现例 4.13 中 ShiJian 类中的成员函数。
由于它的类名是 ShiJian,所以有

```
void ShiJian::Set(int S,int F,int M)
{   Shi=S;                         //设置时
    Fen=F;                         //设置分
    Miao=M;                        //设置秒
}
void ShiJian::Display()
{   cout<<"现在时间是:";            //显示"现在时间是:"
    cout<<Shi<<":"<<Fen<<":"<<Miao; //显示时间
}
```

若时间是 9 时 38 分 25 秒,运行结果为:

现在时间是:9:38:25

类中的成员函数如果比较简单,也可以在类的定义中实现,同普通函数的语法结构一致。使用时再详细介绍。

4.2.4 类成员存取权限

成员函数的存取权限有三级：公有的（public）、保护的（protected）和私有的（private）。

公有成员用 public 关键字声明，它定义了类的外部接口，只有公有成员才能被用户程序直接访问。如例 4.10 中的 Year、Month、Day，例 4.12 中的 Set(int y,int m,int d)和 Display()，但是例 4.12 中的 Year、Month、Day 是不能被用户程序直接访问的。

私有成员用 private 关键字声明，它定义了类的内部使用的数据和函数，私有成员只能被自己所属类的成员函数访问。在例 4.12 中，3 个私有数据 Year、Month、Day 只能被自己所属类的成员函数 Set(int y,int m,int d)和 Display()访问，用户程序不能直接访问。

保护的成员用 protected 关键字声明，存取权限介于公有成员和私有成员之间，它在类的继承中使用，本教材不予介绍，有兴趣的读者可以参考其他C++语言教程。

一个类可以没有私有成员，但是不能没有公有成员。假如一台计算机用户不能输入数据，也不能输出信息，人们就无法使用它了。如果一台计算机把零部件都暴露在外面，这台计算机就容易损坏。因此，设计一个类时，一定要有公有成员，它是类的外部接口。但是，为了实现信息隐藏，能够作为私有成员的就一定定义为私有成员。

【例 4.16】 设计一个含有 4 个整数的类，要求能够求出这 4 个数的最大值和最小值。

这个类的名字定义为 MaxMin4；类中要有 4 个整型数，设为 a、b、c、d，为了避免别人修改这 4 个数据，一般把它们定义为私有数据。

计算步骤采取先分别求两个数的最大值，再求它们结果的最大值，例如先求 a 和 b 的最大值设为 x，求 c 和 d 的最大值设为 y，再求 x 和 y 的最大值设为 z，那么 z 就是 a、b、c、d 这 4 个数的最大值。同样道理，也可以用这种方法求这 4 个数的最小值，就是先分别求两个数的最小值，再求它们结果的最小值。对于这个类，求两个数最大值的函数 Max2 和求两个数最小值的函数 Min2 只是在这个类的内部使用，没有必要成为公有函数，应该是私有函数。但是，必须定义一个求 4 个数的最大值的公有函数 Max4，也要定义一个求 4 个数的最小值的公有函数 Min4。

还需要一个设置 4 个整数的函数 Set，可以让用户输入数据，它必须是公有的。

求 4 个数的最大值和最小值类如下：

```
class MaxMin4 {
    private:
        int a,b,c,d;
        int Max2(int,int);
        int Min2(int,int);
    public:
        void Set(int,int,int,int);
        int Max4();
        int Min4();
```

```
};                                          //类的定义
//类中成员函数的实现
int MaxMin4::Max2(int x,int y)              //求两个数的最大值
{   if(x>y)return x;
    else return y;
}
int MaxMin4::Min2(int x,int y)              //求两个数的最小值
{   if(x>y)return y;
    else return x;
}
void MaxMin4::Set(int x1,int x2,int x3,int x4)
{   a=x1;b=x2;c=x3;d=x4;}
int MaxMin4::Max4()                         //求自己类中 4 个数的最大值
{   int x,y,z;
    x=Max2(a,b);                            //a、b、c、d 和 Max2 函数都是私有成员
    y=Max2(c,d);
    z=Max2(x,y);
    return z;
}
int MaxMin4::Min4()                         //求自己类中 4 个数的最小值
{   int x,y,z;
    x=Min2(a,b);
    y=Min2(c,d);
    z=Min2(x,y);
    return z;
}
```

注意：Max4()和 Min4()两个函数都没有参数,因为它们是求自己类中 4 个数的最大值或最小值。

在 Max4()中用到的 a、b、c、d 和 Max2 函数都是 MaxMin4 类的私有成员,私有成员只有自己所在类中的函数才能访问;同样在 Min4()中 a、b、c、d 和 Min2 函数也都是 MaxMin4 类的私有成员,Min4()是私有成员 a、b、c、d 和 Min2()自己类中的函数,所以可以访问。

在存取权限关键词 public、protected 和 private 后面的成员,直到下一个存取权限关键词出现,都具有前面存取权限关键词指定的属性。如例 4.16 中的整型变量 a、b、c、d 和函数 Max2(int,int)以及函数 Min2(int,int)都是私有的,函数 Set(int,int,int,int)、函数 Max4()和函数 Min4()都是公有的。

4.3 成员函数重载

类的成员函数同普通函数一样也可以进行重载。

【例 4.17】 使用成员函数重载设计一个含有 4 个整数的类,要求能够求出这 4 个数

的最大值和最小值。

仿照例4.16,仍然将这个类的名字定义为MaxMin4;类中4个整型数为a、b、c、d,把它们定义为私有数据。

求两个数的最大值用函数名Max,求4个数的最大值也用函数名Max;同样道理,求两个数的最小值用函数名Min,求4个数的最小值也用函数名Min。

还需要一个设置4个整数的函数Set,同例4.16一样。

求4个数的最大值和最小值类程序如下:

```
class MaxMin4 {
        private:
            int a,b,c,d;
            int Max(int,int);
            int Min(int,int);
        public:
            void Set(int,int,int,int);
            int Max();
            int Min();
};                                  //类的定义
//类中成员函数的实现
int MaxMin4::Max(int x,int y)       //求两个数的最大值
{     if(x>y)return x;
      else return y;
}
int MaxMin4::Min(int x,int y)       //求两个数的最小值
{     if(x>y)return y;
      else return x;
}
void MaxMin4::Set(int x1,int x2,int x3,int x4)
{     a=x1;b=x2;c=x3;d=x4;}
int MaxMin4::Max()                  //求自己类中4个数的最大值
{     int x,y,z;
      x=Max(a,b);                   //a、b、c、d和Max函数都是私有成员
      y=Max(c,d);
      z=Max(x,y);
      return z;
}
int MaxMin4::Min()                  //求自己类中4个数的最小值
{     int x,y,z;
      x=Min(a,b);
      y=Min(c,d);
      z=Min(x,y);
      return z;
}
```

当 Max(int,int)有 2 个整型参数时,就是两个数求最大值;当 Max()没有参数时,就是 4 个数求最大值。同样地,当 Min(int,int)有 2 个整型参数时,就是两个数求最小值;当 Min()没有参数时,就是 4 个数求最小值。

【例 4.18】 分析类 A 的各成员函数的功能。

程序如下:

```
class A {
    private:
        int x,y;
    public:
        void Set(int,int);
        void Print();
        void Add();
        void Add(int);
        void Add(int,int);
}
void A::Set(int a,int b){x=a;y=b;}
void A::Print(){cout<<x<<'\t'<<y;}
void A::Add(){x=x+y;}
void A::Add(int a){x=x+a;}
void A::Add(int a,int b){x=x+a;y=y+b;}
```

Set(int,int)实现对类的私有数据 x 和 y 赋值。Print()显示 x 和 y 的值。
Add 是成员函数重载,Add()实现将 x+y 的值赋给 x,Add(int a)实现将 a+x 的值赋给 x,Add(int a,int b)实现将 a+x 的值赋给 x 和 y+b 的值赋给 y。

成员函数的重载必须满足下面两个条件之一:

(1) 函数的参数个数不同。如 Add()、Add(int)、Add(int,int)。

(2) 函数的对应参数类型不完全相同。如 Sub(int,int)、Sub(int,float)、Sub(float,int)、Sub(double,float)、Sub(double,int)、Sub(double,double)等。

类的成员函数也可以带有默认参数。

【例 4.19】 分析类 B 的 Set 函数的功能。

程序如下:

```
class B {
    private:
        int x,y;
    public:
        void Set(int a=10,int b=30);
        void Print();
};
void B::Set(int a,int b){x=a;y=b;}
void B::Print(){cout<<x<<'\t'<<y;  }
```

Set(int a=10,int b=30)的 2 个参数都带有默认值,当使用 Set 函数时,如果没有给出参数,就默认 a=10 和 b=30;如果给出 1 个参数,就默认 b=30,a 是给出的参数值。

有了 Set(int a=10,int b=30)就不能再重载 Set(int)和 Set()。因为 Set(int)默认了有 2 个参数,第二个参数是 30;Set()也默认了有 2 个参数,第一个参数是 10,第二个参数是 30。

4.4 例题分析和小结

4.4.1 例题

【例 4.20】 设计一个计算器类,可以存储 3 个实数 A、B、C,对这些数可以进行加、减、乘、除运算,也就是实现 C=A+B,C=A−B,C=A×B,C=A÷B,可以显示这些数。

首先要设计 3 个实型数 A、B、C,它们不必程序员直接访问,所以为私有数据成员;要修改 A、B、C 的值,设计赋值函数 PutA(int)、PutB(int)和 PutC(int),还可以设计同时为 A、B、C 赋值的函数 Put(int,int,int),有时只需要为 A、B 赋值,C 存放结果,把 C 置为 0,所以第三个参数可以默认为 0,这些都是对外接口,为公有的;设计加、减、乘、除 4 个函数;设计显示函数 Display()显示 A、B、C 这 3 个数,可以重载 Display(int x)函数,x==1 显示 A,x==2 显示 B,否则显示 C,这些函数也是公有的。类名设为 JiSuanQi。类定义如下:

```
class JiSuanQi {
    private:
        float A,B,C;
    public:
        Void PutA(int);
        Void PutB(int);
        Void PutC(int);
        Void Put(int a,int b,int c=0);
        Void Display();
        Void Display(int);
        float Add();
        float Sub();
        float Mult();
        float Div();
};
Void JiSuanQi::PutA(int x){A=x;}
Void JiSuanQi::PutB(int x){B=x;}
Void JiSuanQi::PutA(int x){C=x;}
Void JiSuanQi::Put(int a,int b,int c=0){A=a;B=b;C=c;}
Void JiSuanQi::Display(){cout<<"A="<<A<<"\tB="<<B<<"\tC="<<C<<endl;}
Void JiSuanQi::Display(int x)
```

```
{    if(x==1)cout<<"A="<<A<<endl;
     else if(x==2)cout<<"B="<<B<<endl;
     else cout<<"C="<<C<<endl;
}
float JiSuanQi::Add(){C=A+B;return C;}
float JiSuanQi::Sub(){C=A-B;return C;}
float JiSuanQi::Mult(){C=A*B;return C;}
float JiSuanQi::Div(){if(B==0)C=0;else C=A/B;return C;}
```

4.4.2 解题分析

计算器类的类名可以用英文单词，也可以用汉语拼音，还可以使用自己感兴趣的任何字符串，但是不能用C++的关键词作为类名。C++的关键词也不能改作其他标识符使用。这里用汉语拼音 JiSuanQi 作为计算器类的类名。

计算器要存储数据，必须有一些存储单元，这些存储单元的数据用户不能随意修改，只能通过相关的操作，才能修改，因此把数据设为私有成员。要做加、减、乘、除运算，必须有3个变量作存储单元，如加法，要有存放加数、被加数、和的变量。选用3个实型变量A、B、C。

要用户为3个数据变量赋值，就必须设置3个公有赋值函数 PutA(int)、PutB(int)和 PutC(int)。有时还会同时为3个变量 A、B、C 赋值，需要一个公有函数 Put(int,int,int)，因为 C 是存放结果的，可能有时只需要为 A、B 赋值，把 C 初始化为 0，所以第三个参数可以默认为 0。

要知道计算的结果，必须有显示函数 Display() 显示 A、B、C 这3个数。有时只需要显示其中的一个数，所以重载 Display(int x) 函数，x==1 显示 A，x==2 显示 B，否则显示 C，这些函数是供用户使用的，所以应是公有的。

加、减、乘、除运算是计算器具有的外部操作，都应是公有的。实际应用中可能要用到加、减、乘、除运算的结果，所以它们都有返回值，设计 Add() 执行 C＝A＋B，Sub() 执行 C＝A－B，Mult() 执行 C＝A×B，Div() 执行 C＝A÷B。

4.4.3 小结

面向对象程序设计通过类实现了对数据和算法的抽象、封装、继承和多态，极大提高了软件的开发能力，减少了软件的开发时间和开发费用。类是面向对象程序设计的基础。

类是相关数据和函数的封装。类相当于用户自己定义的数据类型。对象是描述客观事物的一个实体。类实现了一类对象的数据类型。例如，桌子1是一个对象，桌子2也是一个对象，桌子3又是一个对象，设计一个桌子类就可以生成很多桌子对象，这样就不必再为桌子1、桌子2和桌子3编写单独的程序，极大提高了编写程序的效率。

封装可以将一部分属性和操作隐藏起来，减少程序之间的相互影响，降低程序出错的可能性。继承是新建的类从已有的类那里得到已有的特征，继承有效地实现了软件的重用,增强了系统的可扩充性。多态是把具有相似功能的不同函数使用同一个函数名,多态体现了人类的思维方式。

类的定义依次包括了如下4大部分:

(1) 关键字class和类名,类名可以使用除关键字以外的任何字符串;
(2) 左花括号"{";
(3) 声明数据成员和成员函数;
(4) 右花括号"}"和分号";"。

类的成员有公有和私有访问权限,公有成员在任何地方都能访问,是类的外部接口,私有成员只有该类的成员函数才能访问,实现了信息隐藏。数据成员可以是私有的,也可以是公有的;成员函数可以是公有的,也可以是私有的。

本章读者要重点掌握面向对象的基本概念和类的定义,对于简单的问题,学会建立自己的类。

实训 4 建造集合类实训

1. 实训题目

设计一个表示整型数据的集合类,可以对集合中的数据进行添加、删除,可以判断一个整数是否在这个集合里,可以求出集合数据的多少,可以判断集合的空和满,空集合就是没有数据元素,满集合是数据元素已经占满给出的存储单元。两个集合可以做交运算,就是将两个集合的公共数据组成一个新的集合。两个集合可以做并运算,就是将两个集合的所有数据组成一个新的集合。

2. 实训要求

(1) 分析集合类的数据属性要求。
(2) 分析集合类的操作属性要求。
(3) 编制集合类的接口定义。
(4) 实现集合类的属性函数。

习 题 4

4.1 解释类和对象有什么区别。
4.2 写出类定义的语法结构。
4.3 C++关键字private和public有什么作用?
4.4 公有成员和私有成员有什么区别?
4.5 说明类A的功能。

```
class A {
        private:
            int x,y;
        public:
            void ask1(int a=0,int b=0);
            int ask2();
            void ask3();
};
void A::ask1(int a,int b){x=a;y=b;}
int A::ask2()
{   if(x>y)return x;
    else return y;
}
void A::ask3(){cout<<"x="<<x<<"\ty="<<y<<endl;}
```

4.6 说明类 B 的功能。

```
class B {
        private:
            int x,y;
        public:
            void ask1(int,int b=0);
            void ask2();
            void ask3();
};
void B::ask1(int a,int b){x=b;y=a;}
void B::ask2()
{   int z;
    if(x<y){z=x;x=y;y=z;}
}
void B::ask3(){cout<<"x="<<x<<"\ty="<<y<<endl;}
```

4.7 说明类 C 的功能。

```
class C {
        private:
            int x,y;
        public:
            void ask(int,int);
            void ask(int);
            void ask();
};
void C::ask(int a,int b){x=a;y=b;}
void C::ask(int a){x=a;}
void C::ask(){cout<<"x="<<x<<"\ty="<<y<<endl;}
```

4.8 说明类 D 的功能。

```
class D {
    private:
        int x;
        float y;
    public:
        void ask(int);
        void ask(float);
        void ask();
};
void D::ask(int a){x=a;}
void D::ask(float b){y=b;}
void D::ask(){cout<<"x="<<x<<"\ty="<<y<<endl;}
```

4.9 设计一个表示猫的类,包括猫的颜色、体重、年龄等数据,具有设置猫的颜色,修改和显示猫的体重、年龄等操作。

4.10 设计一个表示学习成绩的类,至少包括三门课程的成绩,可以设置、显示每门课程的成绩,可以计算、显示平均成绩。

第 5 章 对象

对象是C++语言程序设计的基本单位。类描述了一类问题的共同属性和行为,对象是类的实例,对象是由类作为类型定义的变量。

5.1 对象的建立和撤销

对象同变量一样,有从自己建立到消亡的生存期,也有与变量一致的作用域。所以,在语法上对象就是由类定义的变量。

5.1.1 对象的定义

定义一个对象同定义一个变量类似,其语法结构如下:

<类名><对象名>;

例如应用例 4.12 定义的表示日期的类 Date:

```
Date  MyDate;                    //定义了一个表示日期的对象 MyDate
```

再例如应用例 4.13 定义的表示时间的类 ShiJian:

```
ShiJian  Time;                   //定义了一个表示时间的对象 Time
```

用类定义了对象以后,对象就具有类的所有性质。也就是说,类的数据成员就是对象的数据成员,类的成员函数就是对象的成员函数。

定义了对象以后,就可以使用对象的公有成员编写程序。

访问对象的公有成员的语法结构如下:

<对象名>.<公有数据成员>;

或

<对象名>.<公有成员函数名>(<参数表>);

例如:

```
MyDate.Display();                        //显示 MyDate 对象的日期
```

【例 5.1】 设计一个设置和显示日期的程序。

编制一个程序一般分为 4 个独立的部分：

(1) 声明头文件，指出要使用的系统函数和系统类，本例题用到标准输入输出头文件 iostream.h；

(2) 定义类，本例题定义一个表示日期的类；

(3) 实现类，编制类的成员函数；

(4) 编制主程序，生成对象实现程序的功能。

完整的程序如下：

```
#include<iostream.h>                     //声明头文件
class Date{                              //定义类
    private:
        int Year,Month,Day;              //年月日 3 个整型数据在一起定义
    public:
        void Set(int y,int m,int d);
        void Display();
};
//实现类的成员函数
void Date::Set(int y,int m,int d)
{       Year=y;                          //设置年份
        Month=m;                         //设置月份
        Day=d;                           //设置日
}                                        //设置日期函数结束
void Date::Display()
{       cout<<"日期为："<<endl;          //显示"日期为："，回车
        cout<<"\t"<<Year<<"年";          //空几格后，显示年份
        cout<<Month<<"月";               //显示月份
        cout<<Day<<"日"<<endl;           //显示日，回车
}
void main()                              //编制主程序
{       Date MyDate;                     //定义一个日期对象 MyDate
        MyDate.Set(2008,9,18);           //设置日期
        cout<<"第 1 次显示日期："<<endl;
        MyDate.Display();                //显示日期
        MyDate.Set(2008,11,26);          //设置日期
        cout<<"第 2 次显示日期："<<endl;
        MyDate.Display();                //显示日期
}
```

该程序第一次设置日期为 2008 年 9 月 18 日，接着显示这个日期；第二次设置日期为 2008 年 11 月 26 日，接着显示新的日期。运行结果为：

第 1 次显示日期：
日期为：2008 年 9 月 18 日
第 2 次显示日期：
日期为：2008 年 11 月 26 日

【例 5.2】 定义一个关于长方形的类,编制求长方形周长和面积的程序,求出长 135、宽 86 长方形的周长和面积,求出长 62.2、宽 27.5 长方形的周长和面积。长方形类定义如下：

```
#include<iostream.h>                              //声明头文件
class Rect {                                      //定义长方形类 Rect
    private:                                      //私有成员
        float x,y;                                //实型数据长 x 和宽 y
    public:                                       //公有成员
        void set(float a=0,float b=0){x=a;y=b;}   //成员函数在类中实现
        float peri();                             //求周长函数
        float area();                             //求面积函数
};
float Rect::peri()                                //定义求周长函数
{   float z;
    z=2*x+2*y;
    return z;
}
float Rect:: area()                               //定义求面积函数
{   float z;
    z=x*y;
    return z;
}
void main()                                       //主程序
{   Rect Obj1,Obj2;                               //定义两个长方形对象 Obj1 和 Obj2
    Obj1.set(135,86);                             //对象 Obj1 赋值
    Obj2.set(62.2,27.5);                          //对象 Obj1 赋值
    cout<<"长方形 1 的周长为："<<Obj1. peri()<<",面积为："<<Obj1. area()<<endl;
    cout<<"长方形 2 的周长为："<<Obj2. peri()<<",面积为："<<Obj2. area()<<endl;
}
```

运行结果为：

长方形 1 的周长为：442,面积为：11610
长方形 2 的周长为：179.4,面积为：1710.5

用类定义对象同用类型定义变量一样,一次也可以定义若干个,对象之间用逗号隔开。如"Rect Obj1,Obj2;"一次定义了两个对象。

编写程序中声明头文件是必需的,为了使本书更加简洁,有时省略了头文件,请读者调试程序时补上。

在用 class 定义对象时,声明数据和函数的第一部分如果是私有成员,private 关键字可以省略,例 5.2 的长方形类可以定义为:

```
class Rect {                              //定义长方形类 Rect
    float x,y;                            //省略了 private 关键字,在 public 前都是私有成员
  public:                                 //公有成员
    void set(float a=0,float b=0);        //设置长和宽函数,默认长和宽都为 0
    float peri();                         //求周长函数
    float area();                         //求面积函数
};
```

同例 5.2 一样数据成员 x、y 是私有成员。

例 5.1 省略 private 关键字后,Date 类定义为:

```
class Date {
    int Year,Month,Day;
  public:
    void Set(int y,int m,int d);
    void Display();
};
```

Year、Month 和 Day 仍然是私有的数据成员。

5.1.2 构造函数

要创建一个对象,一般要将对象中的数据成员进行初始化和为对象申请必要的存储空间。在声明对象的同时可以指定数据成员的初始值,对象如普通变量一样,在声明后立即将指定的初始值写入。但是,类的对象比普通变量复杂得多,它可能有很多数据成员需要赋值。如果程序员不自己编写初始化程序却在声明对象时贸然指定对象初始值是不能实现对象的初始化的。读者一定注意到了,在本书前面的例题中都没有进行对象初始化。

C++ 为对象的初始化提供了必要的机制,可以让用户编写初始化程序,就是构造函数。

构造函数的作用就是在对象被创建时利用特定的值构造对象,将对象初始化为一个特定的状态,使此对象具有区别于其他对象的特征。构造函数在对象被创建的时候由系统自动调用。

构造函数也是类的一个成员函数,除了具有一般成员函数的特征之外,还有一些特殊的性质。构造函数的函数名与类名相同,而且不能有任何返回类型,也不能标为 void 类型。构造函数一般被声明为公有函数,构造函数也可以重载。构造函数是在声明对象时由 C++ 系统自动调用。

应用构造函数定义对象,其语法结构为:

<类名><对象名>(<构造函数的参数表>);

比不用构造函数时多了一个构造函数的参数表,实际上,不用构造函数定义对象就是自动调用无参数构造函数,所以,编制构造函数以后,定义对象就必须具有与构造函数一致的参数表。

【例 5.3】 设计一个设置和显示日期的程序,日期类中要使用构造函数。
编制这个程序的思路与例 5.1 相同。

程序如下：

```
class Date {                                    //定义类
    int Year,Month,Day;
  public:
    Date(int y,int m,int d);                    //构造函数
    void Set(int y,int m,int d);
    void Display();
};
//实现类的成员函数
Date::Date(int y,int m,int d)                   //这是构造函数
{   Year=y;                                     //设置年份
    Month=m;                                    //设置月份
    Day=d;                                      //设置日
}                                               //构造函数结束
void Date::Set(int y,int m,int d)
{   Year=y;                                     //设置年份
    Month=m;                                    //设置月份
    Day=d;                                      //设置日
}                                               //设置日期函数结束
void Date::Display()
{   cout<<"日期为: "<<endl;                     //显示"日期为：",回车
    cout<<"\t"<<Year<<"年";                     //空几格后,显示年份
    cout<<Month<<"月";                          //显示月份
    cout<<Day<<"日"<<endl;                      //显示日,回车
}
void main()                                     //编制主程序
{   Date MyDate(2008,1,1);                      //定义日期对象 MyDate,初值为 2008 年 1 月 1 日
    cout<<"第 1 次显示初值的日期："<<endl;
    MyDate.Display();                           //显示日期
    MyDate.Set(2008,10,15);                     //设置日期
    cout<<"第 2 次显示设置的日期："<<endl;
    MyDate.Display();                           //显示日期
    MyDate.Set(2008,11,9);                      //设置日期
    cout<<"第 3 次显示设置的日期："<<endl;
    MyDate.Display();                           //显示日期
}
```

运行结果为：

第 1 次显示初值的日期：
日期为：2008 年 1 月 1 日
第 2 次显示设置的日期：
日期为：2008 年 10 月 15 日
第 3 次显示设置的日期：
日期为：2008 年 11 月 9 日

构造函数的参数也可以带默认值。

【例 5.4】 定义一个关于长方形的类，编制求长方形周长和面积的程序，长 78.5、宽 52 长方形的对象 Obj1，定义长 56.8、宽 35.7 长方形的对象 Obj2，求出它们的周长和面积。长方形类定义如下：

```
class Rect {                                     //定义长方形类 Rect
    float x,y;                                   //实型数据长 x 和宽 y
  public:                                        //公有成员
    Rect(float a=1,float b=1){x=a;y=b;}          //构造函数在类中实现
    void set(float a=0,float b=0){x=a;y=b;}      //设置长和宽函数,默认长和宽都为 0
    float peri();                                //求周长函数
    float area();                                //求面积函数
};
float Rect::peri()                               //定义求周长函数
{   float z;
    z=2*x+2*y;
    return z;
}
float Rect:: area()                              //定义求面积函数
{   float z;
    z=x*y;
    return z;
}
void main()                                      //主程序
{   Rect Obj1(78.5,52),Obj2;                     //定义两个长方形对象 Obj1 和 Obj2
    cout<<"第 1 次计算结果："<<endl;
    cout<<"长方形 1 的周长为："<<Obj1. peri()<<",面积为："<<Obj1. area()<<endl;
    cout<<"长方形 2 的周长为："<<Obj2. peri()<<",面积为："<<Obj2. area()<<endl;
    cout<<"第 2 次计算结果："<<endl;
    Obj1.set(78.5,52);                           //对象 Obj1 赋值
    Obj2.set(56.8,35.7);                         //对象 Obj1 赋值
    cout<<"长方形 1 的周长为："<<Obj1. peri()<<",面积为："<<Obj1. area()<<endl;
    cout<<"长方形 2 的周长为："<<Obj2. peri()<<",面积为："<<Obj2. area()<<endl;
}
```

运行结果为：

第 1 次计算结果：

长方形 1 的周长为：261,面积为：4082
长方形 2 的周长为：4,面积为：1
第 2 次计算结果：
长方形 1 的周长为：261,面积为：4082
长方形 2 的周长为：185,面积为：2027.76

建立 Obj2 时，用了构造函数的默认值长为 1 并且宽也为 1。

若定义了构造函数，没有默认值，也没有无参构造函数，就不能像定义变量一样定义对象。如例 5.4 若构造函数定义为 Rect(float a,float b)或 Rect(float a,float b=1)，使用 Rect Obj 定义对象就是错误的，因为它不能找到相应的构造函数。若不定义构造函数，系统就默认为有一个无参构造函数，这个无参构造函数只有空语句（没有语句），这时则可以像定义变量一样定义对象。

比较简单的成员函数、构造函数、析构函数可以在类的定义时直接实现。如 set()函数。

int x[5]可以定义一个含有 5 个整型变量的数组，用类可以定义对象数组吗？回答是肯定的。定义对象数组的类，要么有无参构造函数，要么构造函数的参数有默认值。当说明一个对象数组时，系统为对象数组的每个元素对象调用一次构造函数，用来初始化数组的每个元素对象。

【例 5.5】 应用例 5.4 定义的长方形类 Rect,定义一个对象数组，并且测试这个数组对象的功能。

程序如下：

```
void main()                                          //主程序
{   Rect Obj[6];                                     //定义一个长方形对象数组 Obj[6]
    cout<<"使用默认构造函数的计算结果："<<endl;
    for(int i=0;i<6;i++)
        cout<<"长方形"<<i+1<<"的周长为："<<Obj[i].peri()
            <<",面积为："<<Obj[i].area()<<endl;
    for(i=0;i<6;i++)
        Obj[i].set(i+30,i+20);                       //对象 Obj1 赋值
    cout<<"赋值后的计算结果："<<endl;
    for(i=0;i<6;i++)
        cout<<"长方形"<<i+1<<"的周长为："<<Obj[i].peri()
            <<",面积为："<<Obj[i].area()<<endl;
}
```

运行结果为：

使用默认构造函数的计算结果：
长方形 1 的周长为：4,面积为：1
长方形 2 的周长为：4,面积为：1
长方形 3 的周长为：4,面积为：1
长方形 4 的周长为：4,面积为：1
长方形 5 的周长为：4,面积为：1

长方形 6 的周长为：4,面积为：1
赋值后的计算结果：
长方形 1 的周长为：100,面积为：600
长方形 2 的周长为：104,面积为：651
长方形 3 的周长为：108,面积为：704
长方形 4 的周长为：112,面积为：759
长方形 5 的周长为：116,面积为：816
长方形 6 的周长为：120,面积为：875

生成的对象数组 Obj[6]中的每个对象都是调用了构造函数 Rect(float a=1,float b=1),使用了它的默认值 a=1 和 b=1。

构造函数也可以重载,也是要求参数表不同。

【例 5.6】 利用构造函数重载定义一个关于圆的类,编制求圆的周长和面积的程序,举例定义圆对象,求出它们的周长和面积。

圆的类定义如下：

```
class Circle {                                    //定义圆类 Circle
    float r;                                      //圆的半径
    public:                                       //公有成员
        Circle(){r=0;}                            //无参数的构造函数
        Circle(float x){r=x;}                     //带一个参数的构造函数
        void set(float x){r=x;}                   //设置半径
        float peri(){return(r*2*3.1416);}         //求周长函数
        float area(){return(r*r*3.1416);}         //求面积函数
};
void main()                                       //主程序
{   Circle Obj1(25.6),Obj2;                       //定义两个圆对象 Obj1 和 Obj2
    cout<<"第 1 次计算结果："<<endl;
    cout<<"圆 1 的周长为："<<Obj1.peri()<<",面积为："<<Obj1.area()<<endl;
    cout<<"圆 2 的周长为："<<Obj2.peri()<<",面积为："<<Obj2.area()<<endl;
    Obj1.set(42.3);                               //对象 Obj1 赋值
    Obj2.set(36.8);                               //对象 Obj1 赋值
    cout<<"第 2 次计算结果："<<endl;
    cout<<"圆 1 的周长为："<<Obj1.peri()<<",面积为："<<Obj1.area()<<endl;
    cout<<"圆 2 的周长为："<<Obj2.peri()<<",面积为："<<Obj2.area()<<endl;
}
```

运行结果为：

第 1 次计算结果：
圆 1 的周长为：160.85,面积为：2058.88
圆 2 的周长为：0,面积为：0
第 2 次计算结果：
圆 1 的周长为：265.779,面积为：5621.23
圆 2 的周长为：231.222,面积为：4254.48

从计算结果可以看出,Obj1(25.6)使用的是有参构造函数,Obj2 使用的是无参构造函数。

构造函数的特点如下:

(1) 构造函数是特殊的成员函数,该函数的名字与类名相同,该函数不能指定返回类型;

(2) 构造函数可以重载,即可以定义多个参数个数不同或参数类型不同的构造函数;

(3) 构造函数在定义对象时被直接调用,程序中不能直接调用构造函数。

5.1.3 析构函数

析构函数是对象的生命期结束时要执行的一段程序,用来完成对象被删除前的一些清理工作。如第 6 章的指针,用析构函数释放动态申请的存储单元。

析构函数的名称和类名相同,在类名前面加上一个波浪号"~"。析构函数同构造函数一样,不能有任何返回类型,也不能有 void 类型。析构函数是无参函数,不能重载,一个类只能有一个析构函数。

【例 5.7】 建立一个表示人的基本信息的类,包括身份证号码、姓名、性别、年龄等信息,能够进行设置和显示操作,编写程序验证人的对象。

关于人的类起名为 Person,其类定义如下:

```
#include<iostream.h>
#include<string.h>                              //这里要用到 string.h 头文件处理字符串
class Person {
        char number[20];                        //number 表示身份证号码
        char name[9];                           //number 表示姓名
        char sex;                               //字符型性别
        int age;                                //整型年龄
    public:
        Person(char*,char*,char,int);           //构造函数,省略了参数的变量标识符
        void set(char*,char*,char,int );        //设置身份证号、姓名、性别和年龄
        void print();                           //显示身份证号、姓名、性别和年龄
        ~Person(){cout<<"执行析构函数";}         //析构函数,不能有参数
};
Person::Person(char*s1,char*s2,char s,int a)
{       strcpy(number,s1);
        strcpy(name,s2);
        sex=s;
        age=a;
}
void Person::set(char*s1,char*s2,char s,int a)
{       strcpy(number,s1);
        strcpy(name,s2);
        sex=s;
```

```
        age=a;
}
void Person::print()
{   cout<<"身份证号码："<<number<<"\t 姓名："<<name;
    if(sex=='M')cout<<"\t 性别：男";
        else cout<<"\t 性别：女";
    cout<<"\t 年龄："<<age<<endl;
}
void main()
{   Person p1("306104196210313016","谢强",'M',40);
    Person p2("306104196708116328","周敏",'F',35);
    p1.print();
    p2.print();
    p1.set("503218197304095313","赵福",'M',29);
    p2.set("503218198207171325","钱英",'F',20);
    p1.print();
    p2.print();
}
```

运行结果如下所示。

```
身份证号码：306104196210313016    姓名：谢强    性别：男    年龄：40
身份证号码：306104196708116328    姓名：周敏    性别：女    年龄：35
身份证号码：503218197304095313    姓名：赵福    性别：男    年龄：29
身份证号码：503218198207171325    姓名：钱英    性别：女    年龄：20
执行析构函数
执行析构函数
```

当 p1 和 p2 两个对象生命期结束时，每个对象都自动调用析构函数~Person()。

【例 5.8】 分析下列程序的执行结果。

```
class Point {
        float x,y;
    public:
        Point()
        {   x=0;y=0;
            cout<<"执行 Point()构造函数"<<endl;
        }
        Point(float a,float b)
        {   x=a;y=b;
            cout<<"执行 Point(float a,float b)构造函数"<<endl;
        }
        ~Point(){cout<<'('<<x<<','<<y<<")执行析构函数"<<endl;}
        void Set(float a=0,float b=0){x=a;y=b;}
        void Display(){cout<<"点的位置是：("<<x<<','<<y<<")\n";}
};                  //所有成员函数都在类中定义
```

```
void main()
{       Point a,b(3,5);
        a.Display();
        b.Display();
        a.Set(6,8);
        b.Set(12.5,25.37);
        a.Display();
        b.Display();
}
```

运行结果为:

执行 Point()构造函数
执行 Point(float a,float b)构造函数
点的位置是;(0,0)
点的位置是;(3,5)
点的位置是;(6,8)
点的位置是;(12.5,25.37)
(12.5,25.37)执行析构函数
(6,8)执行析构函数

从执行结果可以看出,对象 a 先生成,对象 b 后生成;对象 b 先消失,对象 a 后消失。生成的顺序和消失的顺序正好相反。

对象的作用域同变量的作用域一样,在它所属的最小程序块中有效,也就是说,对象的作用域不能出花括号,但可以进花括号。

【例 5.9】 分析下列程序的执行结果。

```
void main()
{       Point a(4,6);                                //Point 类在例 5.8 中定义
        a.Display();
        {  cout<<"进入了程序块\n";
           Point b(3,5);
           a.Display();
           b.Display();
        }
        cout<<"退出了程序块\n";
        a.Display();
//b.Display();若加了这一句,则出错显示'b':undeclared identifier
}
```

运行结果为:

执行 Point(float a,float b)构造函数
点的位置是;(4,6)
进入了程序块
执行 Point(float a,float b)构造函数

点的位置是：(4,6)
点的位置是：(3,5)
(3,5)执行析构函数
退出了程序块
点的位置是：(4,6)
(4,6)执行析构函数

执行结果显示，对象 a 的作用域可以进花括号，但是对象 b 的作用域不能出花括号，对象 b 在右花括号处就执行了析构函数，然后消失。因此，程序最后的 b.Display()语句是错误的，系统显示对象 b 没有定义。

析构函数的特点如下：

（1）析构函数是特殊的成员函数，该函数的名字为波浪号"～"后面跟着类名，该函数不能指定返回类型，也不能有参数；

（2）一个类只能定义一个析构函数；

（3）析构函数在对象生命期结束时被直接调用，程序中一般不要调用析构函数。

5.2 对象的赋值

在现实生活中，人们可以用复印机复制出与原文一样的稿件，可以把硬盘上的程序复制到 U 盘上。在定义变量的时候，可以让新变量等于老变量的值。例如"int a;a＝5;int b＝a;"，b 就具有了与 a 一样的值。复制变量，还有另一种方法，"int a;a＝5;int b;b＝a;"，b 也具有了与 a 一样的值。面向对象程序设计如实反映了现实世界解决问题的本来面目，对象的复制是 C++程序设计的重要能力。

5.2.1 复制构造函数

复制构造函数是一个特殊的构造函数，具有一般构造函数的所有特性，它只有一个参数，参数类型是本类对象的引用。其功能应该设计为将已知对象的值复制到正在定义的新的同类型对象。

复制构造函数的一般形式为：

<类名>(<类名>&<对象名>);

首先通过下面的例子，来学习复制构造函数的定义和使用。

【例 5.10】 分析下列程序的执行结果。

```
class Point {
        float x,y;
    public:
        Point();
        Point(float a,float b);
```

```cpp
        Point(Point & obj);                          //增加了复制构造函数
        ~Point(){cout''<<'('<<x<<','<<y<<")执行析构函数"<<endl;
        void Set(float a=0,float b=0){x=a;y=b;}
        void Display(){cout<<"点的位置是;("<<x<<','<<y<<")\n";}
};
Point::Point()
{   x=0;y=0;
    cout<<"执行 Point()构造函数"<<endl;
}
Point::Point(float a,float b)
{   x=a;y=b;
    cout<<"执行 Point(float a,float b)构造函数"<<endl;
}
Point::Point(Point & obj)
{   x=obj.x;
    y=obj.y;
    cout<<"执行 Point(Point & obj)构造函数"<<endl;
}
void main()
{   Point a(53,24);                       //a 初值为(53,24)
    a.Display();
    Point b(a);                           //这时 a 为(53,24)
    b.Display();                          //b 也为(53,24)
    a.Set(16,28);                         //a 的值重新设置为(16,28)
    Point c(a);                           //这时 a 为(16,28)
    c.Display();                          //c 也为(16,28)
    c.Set(3.14,6.28);                     //c 的值重新设置为(3.14,6.28)
    c.Display();
    cout<<"现在 a";
    a.Display();
    cout<<"现在 b";
    b.Display();
    cout<<"现在 c";
    c.Display();
}
```

运行结果为：

执行 Point(float a,float b)构造函数
点的位置是;(53,24)
执行 Point(Point & obj)构造函数
点的位置是;(53,24)
执行 Point(Point & obj)构造函数
点的位置是;(16,28)
点的位置是;(3.14,6.28)

现在 a 点的位置是;(16,28)
现在 b 点的位置是;(53,24)
现在 c 点的位置是;(3.14,6.28)
(3.14,6.28)执行析构函数
(53,24)执行析构函数
(16,28)执行析构函数

程序中 b 的定义用了复制构造函数,将当时 a 的数据成员的值赋给了 b,为(53,24)。c 的定义也用了复制构造函数,将当时 a 的数据成员的值赋给了 c,为(16,28)。

复制构造函数的参数类型必须是自己所属类的引用类型。

为了使对象的定义与变量一致,有了复制构造函数以后,应用复制构造函数定义新对象也可以写作:<类名><新对象名>=<老对象名>。例 5.10 中的 Point b(a)可以写作 Point b=a,并且 Point c(a)可以写作 Point c=a。

普通构造函数只在对象创建时被自动调用,而复制构造函数可以在下面 3 种情况下被自动调用:

(1) 用老对象定义该类的一个新对象时。如例 5.10 中的 Point b(a)和 Point c(a)。
(2) 如果函数的参数是对象,调用该函数时。

【例 5.11】 类的定义如例 5.10,定义函数和主程序如下:

```
void f1(Point x)
{   cout<<"f1 函数在运行"<<endl;
    x.Display();
    cout<<"f1 函数结束运行"<<endl;
}
void main()
{   Point a(3,6.5);
    cout<<"准备运行 f1 函数"<<endl;
    f1(a);
    cout<<"回到了主程序"<<endl;
}
```

运行结果为:

执行 Point(float a,float b)构造函数
准备运行 f1 函数
执行 Point(Point & obj)构造函数
f1 函数在运行
点的位置是;(3,6.5)
f1 函数结束运行
(3,6.5)执行析构函数
回到了主程序
(3,6.5)执行析构函数

在 f1(a)函数开始时执行了复制构造函数,f1(a)函数结束时执行了析构函数。为了

提高系统的效率,可以避免这种情况发生。

将例 5.11 定义的函数改为:

```
void f1(Point & x)                    //注意这里加了一个引用符号"&"
{   cout<<"f1 函数在运行"<<endl;
    x.Display();
    cout<<"f1 函数结束运行"<<endl;
}
```

函数 f1 只是加了一个引用符号"&",其他地方一点也没有改变。

还用例 5.11 定义的主程序。程序运行结果就变为:

执行 Point(float a,float b)构造函数
准备运行 f1 函数
f1 函数在运行
点的位置是:(3,6.5)
f1 函数结束运行
回到了主程序
(3,6.5)执行析构函数

少了"执行 Point(Point & obj)构造函数"和"(3,6.5)执行析构函数"两句。

在用对象作为参数时,应该养成使用引用的习惯,这是一种好的C++程序设计风格。

(3) 返回类型是对象时,也执行复制构造函数。

【例 5.12】 类的定义如例 5.10,分析下列程序的功能:

```
Point f2()
{   Point x(10,20);
    return x;
}
void main()
{   cout<<"开始执行 f2"<<endl;
    f2();
    cout<<"f2 运行结束"<<endl;
}
```

运行结果为:

开始执行 f2
执行 Point(float a,float b)构造函数
执行 Point(Point & obj)构造函数
(10,20)执行析构函数
(10,20)执行析构函数
f2 运行结束

这说明 f2()中定义的对象 x,在执行返回操作,要先用复制构造函数建立一个临时对象,然后再调用析构函数消失。上面的运行结果第一个"(10,20)执行析构函数"是对象 x

执行的,第二个"(10,20)执行析构函数"是临时对象执行的。

5.2.2 重载赋值运算符

在C++中,可以对同一个运算符给出多种形式的定义,它们分别适用于不同类型的对象。赋值运算符"="也可以进行重载。

重载运算符的一般形式是:

<运算结构类型>operator<运算符>(<操作数表>);

在C++中,运算符也看做函数,函数名是"operator<运算符>",对于二元运算符,就是需要2个操作数的运算符,函数参数只有一个。如s1=s2,相当于s1对象调用重载的赋值运算符"="函数,s2相当于这个函数的参数。

重载"="的一般形式是:

<左值类型>& operator=(<操作数表>);

返回类型为引用可以避免生成临时对象,提高程序的运行效率。

赋值运算符"="的重载实现了对象之间的相互赋值。

【例 5.13】 分析下面的处理字符串程序。

```cpp
class String {
    char str[32];
 public:
    String()   {str[0]='\0';}              //无参数时,字符串只有一个结束符"\0"
    String(char * s){strcpy(str,s);}
    String(String &s){strcpy(str,s.str);}
    String & operator=(String &);
    String & operator=(char * );
    void display(){cout<<str<<endl;}
};
String & String::operator=(String & s)
{   if(this==&s)   return * this;          //this 是 C++的关键字,表示"自己"
    strcpy(str,s.str);
    return * this;
}
String & String::operator=(char * s)
{   strcpy(str,s);
    return * this;
}
void main()
{   String s1;
    cout<<"开始的 s1:";
    s1.display();                          //这是字符串为空
```

```
    s1="C++ 是最好的计算机语言!";
    cout<<"用字符串赋值后的 s1: ";
    s1.display();
    String s2("面向对象程序设计真棒!");
    cout<<"开始的 s2: ";
    s2.display();
    s2=s1;
    cout<<"用 s1 去赋值后的 s2: ";
    s2.display();
}
```

运行结果为：

开始的 s1:
用字符串赋值后的 s1: C++ 是最好的计算机语言!
开始的 s2: 面向对象程序设计真棒!
用 s1 去赋值后的 s2: C++ 是最好的计算机语言!

先分析重载"="的 String & operator=(String &)函数,函数体的第一句是条件语句 if(this==&s)return * this,this 是 C++ 的关键字,表示自己,指向自己对象的首地址,this==&s 就是与要赋给值的对象有相同的地址,实际上就是同一个对象,自己向自己赋值,这时就结束,把自己返回。语句 strcpy(str,s.str)实现字符串复制,将 s.str 复制到 str,包括最后加一个字符串结束符。return * this 返回对象自己。返回对象自己是用于连续赋值,如 s1=s2=s3 先将 s3 的值赋给 s2,s2 作为赋值函数的结果返回再赋给 s1。

重载"="的 String & operator =(char *)函数时,直接将字符串复制到自己对象,最后返回对象自己。

String 类中重载了 3 个构造函数：String()、String(char *)和 String(String &)。无参构造函数 String()初始化为空字符串,String(char *)和 String(String &)都是复制相应的字符串。

主程序中的 String s1 由无参构造函数定义对象 s1,"s1="C++ 是最好的计算机语言!""语句相当于 s1 调用重载的赋值"="函数,参数是字符串"C++ 是最好的计算机语言!"。语句"String s2("面向对象程序设计真棒!")"是由 String(char *)构造函数定义对象 s2,s2=s1 语句调用重载的赋值"="函数 String & operator=(String &),参数是同类型的对象。

在编写程序时,要进行对象赋值,不能直接使用赋值符号"=",应该对赋值运算符"="进行重载。

5.2.3 修改对象的数据成员

封装是对象的一大优点,封装实现了信息隐藏,增强了系统的可靠性。但是,对象的数据成员常常是需要修改的,就必须给出一个对外接口,来修改私有的数据成员,这个接口就是公有的成员函数。通过调用公有成员函数修改对象的私有数据是良好的 C++ 程序设计风格。

【例 5.14】 设计一个时钟,可以分别修改时、分、秒,编写程序先显示当时的时间,再将时设置为 9 点,分设置为 15 分,秒设置为 37 秒,最后显示修改后的时间。

设计 3 个私有整型变量分别表示时、分、秒,构造函数的默认时、分、秒都为 0,设计 3 个公有的函数实现修改时、分、秒,设计一个显示时间的函数。可以仿照第 4 章的有关例题建立时钟类。完整程序如下:

```
class Clock
{       int H,M,S;                              //时、分、秒
  public:
        Clock(int a=0,int b=0,int c=0);         //默认时间为 0
        void SetH(int);                         //修改时
        void SetM(int);                         //修改分
        void SetS(int);                         //修改秒
        void Display();                         //显示时间
};
Clock::Clock(int a,int b,int c){H=a;M=b;S=c;}
void Clock::SetH(int a){H=a;}
void Clock::SetM(int b){M=b;}
void Clock::SetS(int c){S=c;}
void Clock::Display()
{   cout<<"现在的时间是: ";
    cout<<H<<": "<<M<<": "<<S<<endl;            //显示时间
}
void main()                                     //主程序
{   Clock t1,t2(18,32,12);
    t1.Display();
    t2.Display();
    t1.SetH(9);
    t1.SetM(15);
    t1.SetS(37);
    t1.Display();
}
```

运行结果为:

现在的时间是: 0:0:0
现在的时间是: 18:32:12
现在的时间是: 9:15:37

在对象生存期内,其数据成员的值表示对象的状态,对象的状态只有被更新才会改变。

5.3 例题分析和小结

5.3.1 例题

设计一个宠物猫的类,猫的属性数据包括名字、性别、年龄、体重、颜色,实现对这些数据的修改和显示,编写主程序测试猫的管理。

猫类的名字为 Cat,它的属性数据全设计为私有,名字用标识符 Name,性别用标识符 Sex,年龄用标识符 Age,体重用标识符 Weight,颜色用标识符 Color,成员函数全部设计为公有,ModifyN 为修改名字函数名,ModifyA 为修改年龄函数名,ModifyW 为修改体重函数名,PutS 为设置性别函数名,PutC 为设置颜色函数名,Display 为显示函数名。程序如下:

```cpp
class Cat {
    char Name[15];                    //最多 7 个汉字
    char Sex[3];                      //只能 1 个汉字
    int Age;
    float Weight;
    char Color[7];                    //最多 3 个汉字
public:
    Cat();
    Cat(char*,char*,int,float,char*);
    void ModifyN(char*);
    void ModifyA(int);
    void ModifyW(float);
    void PutS(char*);
    void PutC(char*);
    void Display();
};
Cat::Cat()
{   strcpy(Name,"大花猫");
    strcpy(Sex,"公");
    strcpy(Color,"花");
    Age=2;Weight=2.5;
}
Cat::Cat(char* n,char* s,int a,float w,char* c)
{   strcpy(Name,n);
    strcpy(Sex,s);
    strcpy(Color,c);
    Age=a;Weight=w;
}
```

```
void Cat::ModifyN(char * n){strcpy(Name,n);}
void Cat::ModifyA(int a){Age= a;}
void Cat::ModifyW(float w){Weight= w;}
void Cat::PutS(char * s){strcpy(Sex,s);}
void Cat::PutC(char * c){strcpy(Color,c);}
void Cat::Display()
{   cout<<Name<<"是一只"<<Color<<"猫,";
    cout<<"它是"<<Sex<<"猫,"<<"已经"<<Age;
    cout<<"岁了,体重"<<Weight<<"千克"<<endl;
}
void main()
{   Cat c1,c2("赛虎","母",4,3.2,"黑");
    c1.Display();
    c2.Display();
    c1.PutC("黄");
    c1.ModifyN("虎皮黄");
    c1.ModifyA(3);
    c1.ModifyW(3.6);
    c1.Display();
}
```

运行结果为：

大花猫是一只花猫,它是公猫,已经 2 岁了,体重 2.5 千克
赛虎是一只黑猫,它是母猫,已经 4 岁了,体重 3.2 千克
虎皮黄是一只黄猫,它是公猫,已经 3 岁了,体重 3.6 千克

5.3.2 解题分析

面向对象的程序设计首先要分析要解决的问题,找出需要的类,设计类中的数据成员和成员函数,分析它们哪些是私有的,哪些是公有的,找出成员函数应该完成的功能。然后再分析需要哪些对象,最后设计完整的程序。

对于宠物猫,首先设计关于猫的类,分析猫的属性数据应该包括名字、性别、年龄、体重、颜色,一般属性数据设计为私有数据,要让程序员编写程序时使用这些数据,还必须设计外部接口,实现对这些数据的修改和显示,成员函数全部设计为公有,包括修改名字、修改年龄、修改体重、设置性别、设置颜色和显示猫的特征。

类的名字用猫的英文单词 Cat。猫的名字定为最多 7 个汉字,猫的性别 1 个汉字,猫的颜色最多 3 个汉字,年龄是个整数,体重是实数。为了避免随意改动,这些数据成员全为私有的。

Cat 类有 2 个构造函数,当没有指定参数时用无参构造函数,当猫的特征都指定时用有参构造函数,对象结束时不需要做特殊的处理工作,因此没有设计析构函数。

数据修改函数只是简单的赋值操作,注意字符串赋值不能简单地用"=",要用专用的

函数 strcpy(新串变量,老串),如修改猫的名字,用 strcpy(Name,"大花猫")或 strcpy(Name,N)。成员函数是外部接口,所以全是公有的。

显示函数是给人看的,要加一些解释信息,让用户更明白。cout<<Name<<"是一只"<<Color<<"猫",让人看起来就是完整的一句话。

主程序分别用不同的构造函数,生成 c1 和 c2 两个对象,然后显示 c1 和 c2,可以让读者进行比较。接着对 c1 的值进行修改,最后再显示 c1,以观察 c1 发生的变化。

5.3.3 小结

对象是类的实例,是由类生成的变量。同一个类生成的 2 个对象有相同的成员函数,它们不同的地方在于自身的属性,即数据成员。对象在声明时用构造函数进行的数据成员设置,称为对象的初始化。在对象使用结束时还要进行一些清理工作,由析构函数完成。构造函数和析构函数都是自动执行的。

复制构造函数是用已经存在的同类对象定义一个相同的新对象。

对象之间可以进行相互赋值,一般必须重载赋值运算符"="。

对象的数据成员常常设计为私有的,为了便于使用对象,要设计一些修改对象数据成员的公有函数。

对象的作用域与变量一样,先定义后使用,在自己所在的程序块内才可以被使用。

实训 5 数组数据处理对象实训

1. 实训题目

设计一个最多可以存放 100 个整数的类,要求这些整数按照从小到大的顺序存放在类中的数组里,可以删除数组中的数据,也可以向数组中插入数据,但是要保持从小到大的顺序,可以求出数据的多少,可以判断数组的空和满,可以显示数组中的整数。当然刚生成对象时,对象中的数组没有数据,只有一个一个地向对象中插入数据。

设计主程序先生成一个对象,然后插入 100 个随机数,最后显示结果。考查若生成 101 或 110 个数,结果会怎样?

再设计主程序先生成一个对象,然后插入数据{34,48,25,45,74,26,68,37,48,95,21,35,19,73,58},接着删除{48,37,35},再插入{46,18},最后显示对象中的所有数据。

2. 实训要求

(1) 分析数组类的数据属性要求。

(2) 分析数组类的操作属性要求。

(3) 编制数组类的接口定义。

(4) 生成数组类对象。

(5) 编制程序实现数组对象的插入和删除操作。

习 题 5

5.1 怎样定义一个对象？它同定义一个变量有何区别？
5.2 什么是构造函数？构造函数有哪些特点？
5.3 什么是析构函数？析构函数有哪些特点？
5.4 什么是复制构造函数？它有何作用？
5.5 什么是对象的生存期？
5.6 怎样实现对象之间的相互赋值？
5.7 对象的作用域有何限制？
5.8 怎样修改对象的数据成员？
5.9 同一个类生成的 2 个对象有何区别？
5.10 关键字 this 有什么作用？
5.11 分析下列程序的功能：

```
class A { int x,y;
    public:
        A();
        A(int);
        A(int,int);
        A(A &);
        void Display();
        void Set(int,int);
        ~A();
};
A::A()
{   cout<<"执行无参构造函数：";
    x=0;y=0;
    cout<<"x="<<x<<",y="<<y<<endl;
}
A::A(int a)
{   cout<<"执行一个参构造函数：";
    x=a;y=0;
    cout<<"x="<<x<<",y="<<y<<endl;
}
A::A(int a,int b)
{   cout<<"执行二个参构造函数：";
    x=a;y=b;
    cout<<"x="<<x<<",y="<<y<<endl;
}
```

```cpp
A::A(A & a)
{   cout<<"执行复制参构造函数：";
    x=a.x;y=a.y;
    cout<<"x="<<x<<",y="<<y<<endl;
}
void A::Display()
{   cout<<"执行显示函数：";
    cout<<"x="<<x<<",y="<<y<<endl;
}
void A::Set(int a=0,int b=0)
{   cout<<"执行设置函数：";
    x=a,y=b;
    cout<<"x="<<x<<",y="<<y<<endl;
}
A::~A()
{   cout<<"执行析构函数：";
    cout<<"x="<<x<<",y="<<y<<endl;
}
```

(1) 主程序为：

```cpp
void main()
{   A a;
    A b(76);
    A c(35,48);
}
```

(2) 主程序为：

```cpp
void main()
{   A a(52,17);
    a.Set();
    a.Set(74);
    a.Set(562,184);
    a.Set(74);
    a.Display();
}
```

(3) 主程序为：

```cpp
void main()
{   A a(35);
    a.Set(72,11);
    A b(a);
    b.Display();
}
```

(4) 主程序为：

```
void main()
{   A a;
    A b(37,56);
    {   A c(35,48);
        b.Display();
    }
    a.Display();
}
```

5.12 写出下列程序的执行结果。

```
class B
{   int a,b;
public:
    B(int x=0,int y=0);
    B(B &);
    B & operator=(B &);
    void Display();
    void Set(int x=10,int y=20);
    ~B();
};
B::B(int x,int y)
{   a=x;
    b=x+y;
    cout<<"执行 B(int x=0,int y=0)构造函数,得：";
    cout<<"a="<<a<<",b="<<b<<endl;
}
B::B(B & x)
{   a=x.a;
    b=x.b;
    cout<<"执行 B(B & x)构造函数,得：";
    cout<<"a="<<a<<",b="<<b<<endl;
}
B & B::operator=(B & x)
{   a=x.a;
    b=x.b;
    cout<<"执行重载'='函数,得：";
    cout<<"a="<<a<<",b="<<b<<endl;
    return *this;
}
void B::Display()
{   cout<<"执行显示成员函数,得：";
    cout<<"a="<<a<<",b="<<b<<endl;
```

```
    }
    void B::Set(int x,int y)
    {   a=x;b=y;
        cout<<"执行设置成员函数,得:";
        cout<<"a="<<a<<",b="<<b<<endl;
    }
    B::~B()
    {   cout<<"执行析构函数,取消(";
        cout<<"a="<<a<<",b="<<b<<")对象"<<endl;
    }
    void main()
    {   B a,b(34,56);
        a.Set(78);
        B c(b);
        c.Display();
        c=a;
        c.Display();
    }
```

在重载的赋值函数 B & operator=(B &)中,若去掉了引用符号"&",得到下列 3 种情况:B & operator =()、B operator=(B &)和 B operator=(B),程序将分别得到怎样的运行结果?

5.13 设计计算图形面积的程序,图形有圆和长方形,计算半径为 15、23、37 的圆和长宽分别为(32,56)、(21,45)的长方形五个图形的面积。

5.14 设计一个日期类 Date,可以求昨天的日期和明天的日期,输出格式为:月/日/年,编写主程序设置当前日期为 2003 年 9 月 10 日,显示昨天的日期和明天的日期,将日期改为 2004 年 5 月 4 日,显示修改后的日期。

5.15 设计一个字符串类 String,可以求串长,可以连接 2 个串(如,s1="计算机",s2="软件",s1 与 s2 连接得到"计算机软件"),并且重载"="运算符进行字符串赋值,编写主程序实现:s1="计算机科学",s2="是发展最快的科学!",求 s1 和 s1 的串长,连接 s1 和 s1。

 第 6 章 指针和引用

指针是一种数据类型,是一种特殊的数据类型,具有指针类型的变量称为指针变量,指针变量存放其他变量或对象的地址,它可以有效地表示数据之间复杂的逻辑关系。

6.1 指 针

对于C++语言的初学者来说,指针往往是最难懂的内容之一。指针是C++语言中的一个重要概念,正确而灵活地运用它,可以有效地表示复杂的数据结构;能动态分配内存;能方便地使用字符串;在调用函数时能得到多于1个的值;能直接处理内存地址等。这对设计各种复杂软件是非常必要的。每一个学习和使用C++语言的人,都应当深入学习和掌握指针。

6.1.1 指针变量的定义

指针变量是用于存放内存单元地址的变量。换句话说,指针变量就是其值是一个地址的变量,这个地址通常是另一个变量或对象的地址,它和普通变量有所不同,普通变量记录数据,指针变量记录地址。在第2章了解了指针的简单概念,下面看一个例子。

【例 6.1】 一个简单的指针变量。

```
void ex1()
{    int m;
     int * m_p;
     m_p=&m;
     * m_p=100;
}
```

指针变量像一般变量一样声明,只是要在变量名前加上字符"*"。为了更加形象地描述,不妨假设函数 ex1()的地址从 2000 开始。此外 m 被保存在地址 2002 处,m_p 在地址 3000 处。第一个赋值语句如图 6.1 所示。

在第一个赋值语句中,把 m 的地址(2002)存储到 m_p 中。

第二个赋值语句 *m_p=100,表示对 m_p 指向的变量 m 赋值,执行结果如图 6.2 所示。

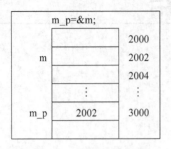

图 6.1 指针变量存放地址

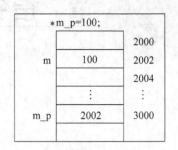

图 6.2 对指针指向的变量赋值

从图中可以看到,100 这个值被放到 m_p 中的地址处,该地址也就是 m 的地址(2002),也就是说,*m_p 表示由 m_p 地址指向的地方。

C++需要对每一个变量在使用前先进行定义,指针变量不同于整型变量等普通变量,它是专门用来存放地址的。

指针变量的定义格式为:

<数据类型>*<指针变量标识符>;

【例 6.2】 分析几个指针变量。

```
int * ip;
float * fp1, * fp2;
const int * icp;                //指向整型常量的指针
char * cptr1, * cptr2;
```

在第一句 int * ip 中,ip 是指向整型变量的指针变量,所以 * ip 的类型就是 int。
float * fp1, * fp2 语句定义了二个指向实型变量的指针。
const int * icp 语句定义一个指向整型常量的指针。
char * cptr1, * cptr2 语句定义二个指向字符的指针,这是一个特殊的指针,就是字符串。

指针变量的类型是所指向的变量的类型,而不是指针本身数据值的类型。指针变量的定义给指针变量分配了内存空间,但其值(所记录或指向的地址)开始是不定(随机)的,正如自动变量未初始化时,取随机值一样。

6.1.2 指针的赋值

1. 指针的赋值方式

指针可以选择下列方式赋值:
1) 定义时初始化指针变量
指针变量可以在定义它们的时候初始化,指针变量初始化格式:

<数据类型>*<指针名>=<初始地址>;

【例6.3】 初始化指针变量。

```
int count=20;
int * pt=&count;                    //pt 的值是 count 变量的首地址
int array[10];
int * pa=array;                     //pa 的值是数组 array 的首地址
```

count 是个普通的整型变量,pt 是个整型指针。代码将指针变量 pt 初始化为 count 的地址。这里 & 为地址运算符。例如 int var,则 &var 表示整型变量 var 在内存中的地址。

int * pa＝array 语句使整型数组 array[10]的第一个单元的地址赋值给指针变量 pa,array 代表数组 array[10]的首地址。

2) 单独赋值

指针变量赋值的格式:

<指针名>=<同类型变量地址>;

【例6.4】 指针变量赋值。

```
float I;
float * pti;
pti=&I;
```

实现了将实型变量 I 的地址赋给实型指针变量 pti。

【例6.5】 数组变量指针赋值。

```
int * pt,array[10];
pt=array;
```

实现了将数组变量 array 的首地址赋给数组变量指针 pt。

2. 指针变量的使用

1) 指针变量的算术运算

① 指针与整数的加减运算:指针 p 加上或减去整型数 n,其意义是指针当前指向位置的前方或后方第 n 个数据的地址。这种运算的结果值取决于指针指向的数据类型。对于 16 位的C++环境而言,一个短整型数的大小是 2 个字节,一个浮点数的大小是 4 个字节。

【例6.6】 指针与整数的加减运算。

```
void main()
{    short ina[100], * pi;
     float fa[100], * pc;
     pi=ina;                        //语句1
     pc=fa;                         //语句2
```

```
            pi=pi+1;                        //语句3
            pc=pc+1;                        //语句4
}
```

假定 ina[0]保存在内存地址为2000的内存单元中,fa[0]保存在地址为3000的内存单元中。执行完语句1后,pi包含地址2000,执行完语句2后,pc包含地址3000。但执行完语句3后,pi包含地址2002,执行完语句4后,pi包含地址3004。

② 指针的++和－－运算：在普通变量如整型变量运算中,递增操作符++将对象的值增加1,但对于指针变量,情况并不总是这样。按照上面的例子,pi被定义为指向整型变量,当递增操作符被激活,它检查变量的类型(整型数占2个字节),然后选择一个合适的增量值。对于整型数,该增量值是2,对于浮点数,该增量值是4。如果指针变量指向一个30字节的结构,则递增操作符将从当前的指针地址中加上30。递减操作符'—'操作减去所指类型所需要字节数。

注意：指针的加减运算,必须是有意义的,也就是得到的存储单元一定是定义过的。

2) 指向数组的指针变量

数组名表示数组在内存中的起始地址,用数组名可以初始化指针变量,或给指针变量赋值,使指针变量指向数组。

【例6.7】 指向数组的指针变量。

```
int array[100];
int * pi;
pi=array;
```

array,pi,&array[0] 都指向数组 array 的起始地址。

array[k]、*(pi+k)和pi[k]是等价的,都表示数组 array 第 k+1 元素值。

3) 指向数组元素的指针

数组元素具有一定的内存地址,可设指针指向它。例如:

```
int a[10], * pa;
pa=&a[0];
```

通过指针引用数组元素。经过上述定义及赋值后：* pa 就是 a[0],*(pa+1)就是 a[1],…,*(pa+i)就是 a[i]。

注意：数组名表示内存中分配给数组的固定位置,是指针常量,故不能给数组名赋值。修改了数组名,就会丢失数组空间。

例如,不能写 a++,因为 a 是数组首地址是常量。

【例6.8】 设一个整型数组a,有10个元素。用3种方法输出各元素：

```
void main()
{   int a[10];
    int i;
    int * p;
    for(i=0;i<10;i++)cin>>a[i];
```

```
        cout<<endl;
        for(i=0;i<10;i++)cout<<a[i];              //使用数组下标
        for(i=0;i<10;i++)cout<<*(a+i);            //使用数组名
        for(p=a;p<(a+10);p++)cout<<*p;            //使用指针变量
}
```

4) 指向字符串的指针

用双引号""括起来的字符序列为字符串,例如"Welcome to Anhui University!"。字符串在内存中以'\0'结尾。因为一个字符指针可以保存一个字符的地址,所以也可以定义和初始化它。例如:

char * pc="GOOD MORNING";

该语句定义了字符指针 pc,并且用字符串的第一个字符的地址来初始化它,此外为字符串本身也分配了内存。

设字符串 GOOD MORNING 存放在从 2000 开始的内存单元中。pc 被分配了一个地址,pc 指向字母 G。

【例 6.9】 将字符串 str_a 复制到字符串 str_b 中。

```
void main()
{   char str_a[]="hello,C++!";
    char str_b[],* pc1,* pc2;
    pc1=str_a;
    pc2=str_b;
    for(;* pc1!='\0';pc1++,pc2++) * pc2=* pc1;
    * pc2='\0';
    printf("字符串 str_a is: %s\n",str_a);
    printf("字符串 str_b is: ");
    for(int I=0;str_b[I]!='\0';I++)
    printf("%c",str_b[i]);
    printf("\n");
}
```

运行结果为:

字符串 str_a is: Hello,C++!
字符串 str_b is: Hello,C++!

6.1.3 对象指针

一个对象一旦被创建,系统就给它分配了一个存储空间,该存储空间的起点可以像数据对象的地址一样,使用指针变量操作。对象初始化后,占用内存空间,可以使用指针变量指向对象起始地址,称为对象指针。

1. 对象指针的定义

定义形式：

<类名>*<对象指针名>；

【例6.10】 设有一学生类Student，包含学号、姓名、年龄、性别4个属性和相应的操作。类定义如下：

```
class Student{
    char number[10];
    char name[10];
    int age;
    char sex[4];
    //一些操作
}
```

类Student的指针被初始化后就成为指向该类对象的指针，换句话说，即成为存有对象首地址的指针变量。

```
Student wang("AU99137","王明",21,"男");    //定义一个对象
Student * pst;                              //定义一个对象指针
pst=&wang;                                  //将对象wang的地址赋给对象指针pst
```

用对象指针，可使用成员访问符->来引用对象成员。通过指针访问对象成员的形式为：

<对象指针名>-><成员名>

考察例6.10中Student类的对象指针pst：

pst->print();语句等价于wang.print();

【例6.11】 对象指针应用，定义Location类表示点。

```
class  Location
{    float  x,y;
public:
    Location(float a=0,float b=0){x=a;y=b;}
    float getx(){return x;}
    float gety(){return y;}
    void print(){cout<<"(X,Y)=("<<x<<','<<y<<")\n";}
};
void main()
{    Location A(115.5,38.75);
    Location * ptr;
    ptr=&A;
    float x,y;
```

```
    x=ptr->getx();
    y=ptr->gety();
    ptr->print();
}
```

运行结果为:

(X,Y)=(115.5,38.75)。

2. new 和 delete 函数

new 和 delete 是 C++ 动态申请存储单元和删除存储单元的函数。例如:

```
int * p=new int[length];              //申请一个长度为 length 的整型数组
```

对于非内部数据类型的对象而言,new 在创建动态对象的同时完成了初始化工作。如果对象有多个构造函数,那么 new 的语句也可以有多种形式。

【例 6.12】 动态申请对象存储单元。

```
class Obj
{
public :
    Obj();                            //无参数的构造函数
    Obj(int x);                       //带一个参数的构造函数
   ⋮
};
void Test(void)
{   Obj * a=new Obj;                  //调用无参构造函数
    Obj * b=new Obj(1);               //调用带一个参数的构造函数,初值为 1
    ⋮
    delete a;                         //删除对象 a
    delete b;                         //删除对象 b
}
```

如果用 new 创建对象数组,那么只能使用对象的无参数构造函数。例如:

```
Obj * objects=new Obj[100];                   //创建 100 个动态对象
```

不能写成:

```
Obj * objects=new Obj[100](1);
```

没有无参数构造函数的类不能生成对象数组。

由 new 申请的对象,运行结束时,必须由 delete 删除。在用 delete 释放对象数组时,注意不要丢了符号"[]"。例如

```
delete []objects;                     //正确的用法
delete objects;                       //错误的用法
```

后者相当于 delete objects[0],漏掉了另外 99 个对象。

利用指向对象的指针可以把对象组织成链表。链表中的每个节点至少包括数据和指针这两部分成员。指针用来指出和它在逻辑上相邻,实际存储位置不一定相邻的节点的地址。当指向的对象的类型都相同时,形成同质链表,否则为异质链表。

6.1.4 this 指针

this 指针是隐含在对象内的一种指向自己的指针。当一个对象被创建了之后,它的每一个成员函数都可以使用 this 指针。

this 指针指向当前正在运行的对象的指针,就是指向自己对象的指针,它用于指向被调用的成员函数所属的对象。

【例 6.13】 this 指针使用。

```
class class_A
{   char chr;
public:
    char ch(){return(this->chr);}
}
```

在这个例子中,指针被用于访问类的成员变量 chr。

当一个对象调用成员函数时,系统先将该对象的地址赋给 this 指针,然后调用成员函数,成员函数对成员数据进行操作时,隐含使用了 this 指针。

【例 6.14】 使用 this 指针复制数据。

```
class Obj
{       int a,b;
  public:
        Obj(int x=0,int y=0){a=x;b=y;}
        void copy(Obj &);
        void display(){cout<<"a="<<a<<",b="<<b<<endl;}
};
void Obj::copy(Obj &aObj)
{       if(this==&aObj)return;
        this->a=aObj.a;
        this->b=aObj.b;
}
void main()
{       Obj x1(22,25),x2(33,46);
        cout<<"x1: ";x1.display();
        cout<<"x2: ";x2.display();
        x1.copy(x2);
        cout<<"x1: ";x1.display();
}
```

运行结果为:

```
x1: a=22,b=25
x2: a=33,b=46
x1: a=33,b=46
```

在copy函数中,使用了引用概念,下一章将做详细介绍。

6.2 引　　用

在C++中,引用提供了一种把实体的变量作为该实体的别名的机制。通俗地说,引用即给对象起别名,只能对"左值表达式"进行引用。在第5章编写复制构造函数程序时,已经使用了引用。这里将对引用进行详细讨论。引用运算符是"&"。

(1) & 在定义时出现在赋值运算符的左边表示是"引用",否则是取址符。

(2) 一个对象一旦有了别名,此别名就不能再作为别的对象的别名,所以声明时必须进行初始化。

(3) 有了别名的对象,不管对真名还是对别名进行操作,都是对此对象进行操作。

(4) 一个被声明成引用的变量,并不另外再占有存储空间。

6.2.1 引用的定义和使用

声明一个引用可以采用下面的格式:

<类型标识符>&<引用标识符>=<变量标识符>

例如:

```
int i,a[100];
int &ii=i,&aa=a[10];            //ii是变量i的引用,aa是数组元素a[10]的引用
```

由于引用起作用的是指针(地址),因此C++的开发者把引用操作符和地址操作符定义为同一个字符"&",同时也就不难明白关于引用的特点了。

引用必须初试化,在声明语句中为引用提供的初始值必须是一个变量或另一个引用。例如:

```
int I=10;
int & r1=I;
```

变量I将有一个别名r1。

无初始化的引用是无效的,但是可以对用new创建的无名实体建立一个引用。例如:

```
float &r= * new float(5.753);
```

r是对无名实数变量的引用,初值是5.753。

对于除 void 外的类型 T，如果一个变量被声明为 T& 时，则这个变量必须能够用 T 类型的一个变量的值进行初始化。符合上述条件的对象，都可以声明成引用（即可以起一个或多个别名），如 const double &rr＝1 是对常量 1 的引用。

指针也是变量，可以对指针变量进行引用。

【例 6.15】 对指针变量的引用。

```
void main()
{    int a=100;
     int * p1=&a;
     int * &p2=p1;
     cout<<"a="<<a<<", * p1="<< * p1<<", * p2="<< * p2<<endl;
}
```

运行结果为：

a=100, * p1=100, * p2=100

一个对象引用的使用，如同使用其真名一样，引用的使用语法结构同对象或变量完全一样。

【例 6.16】 引用的使用。

```
void main()
{    int x=100;
     int& x1=x;
     int y=200,
     int& y1=y;
     cout<<"x="<<x<<",x1="<<x1<<endl;
     cout<<"y="<<y<<",y1="<<y1<<endl;
     x1+=36;y/=8;
     cout<<"执行 x1+=36;y/=8;后："<<endl;
     cout<<"x="<<x<<",x1="<<x1<<endl;
     cout<<"y="<<y<<",y1="<<y1<<endl;
}
```

执行结果为：

x=100,x1=100
y=200,y1=200
执行 x1+=36;y/=8;后：
x=136,x1=136
y=25,y1=25

不仅引用的使用同变量完全一样，引用的值也与变量一起变化，它们永远具有相同的值。在例 6.16 中，x 与 x1、y 与 y1 总是具有相同的值。

【例 6.17】 用引用作为函数的参数。

```
void change(int &x,int &y)
{   int m;
    m=x;x=y;y=m;
}
void main()
{   int a=99;
    int b=66;
    cout<<a<<""<<b<<endl;
    change(a,b);
    cout<<a<<""<<b<<endl;
}
```

执行结果为：

99 66
66 99

引用作为函数的参数的优点是起到指针的作用,但并不进行参数间的传递。由于引用是"别名",实参与形参之间不是值传递,而是一种"映射",所以对形参的改变,实际上就是对实参的改变。

6.2.2 引用返回值

若函数的返回值类型为引用,可以通过对函数赋值,实现对函数返回的引用的赋值。

【例6.18】 函数的返回引用类型。

```
float temp;
float & max(float x,float y)
{   if(x>y)temp=x;else temp=y;
        return temp;
}
void main()
{   float a=max(10,20);
    cout<<"a="<<a<<",  temp="<<temp<<endl;
    max(10,20)=327.56;              //实现对max()函数的返回变量temp的赋值
    cout<<"temp="<<temp<<endl;
}
```

运行结果为：

a=20,temp=20
temp=327.56

对函数max()的赋值就是对函数返回的引用类型变量temp的赋值。

6.3 例题分析和小结

6.3.1 例题

【例 6.19】 分析下面程序的执行结果。

```
#include<iostream.h>
void main()
{    char str_1[16];                         //定义一个字符数组
     char * p;                               //定义一个指向字符的指针变量
     p=str_1;                                //表示将数组 str_1 的第一个单元地址保存在变量 p 中
     for(int i=0;i<15;i++){cin>> * p;p++;}   //将字符依次输入数组各单元
     p=str_1+15;                             //将数组 str_1 的最后一个单元地址保存在变量 p 中
     for(i=0;i<15;i++){p--;cout<< * p;  }    //反向输出数组中各个字符
     cout<<endl;
}
```

若输入：abcdefghijklmno，则输出：onmlkjihgfedcba。

【例 6.20】 分别使用指针和引用作为参数，设计一个函数，参数 a、b、c 为整型变量，执行函数后，满足 a≤b≤c。并且编制主程序验证结果。

以指针作为参数程序为：

```
void f1(int * pa,int * pb,int * pc)
{    int x;
     if(* pa> * pb){x= * pa; * pa= * pb; * pb=x;}
     if(* pb> * pc){x= * pc; * pc= * pb; * pb=x;}
     if(* pa> * pb){x= * pa; * pa= * pb; * pb=x;}
}
```

以引用作为参数程序为：

```
void f2(int &a,int &b,int &c)
{    int x;
     if(a>b){x=a;a=b;b=x;}
     if(b>c){x=c;c=b;b=x;}
     if(a>b){x=a;a=b;b=x;}
}
void main()
{    int x1=3,x2=125,x3=38;
     int &p1=x1,&p2=x2,&p3=x3;
     f1(&x1,&x2,&x3);
     cout<<"x1="<<x1<<",x2="<<x2<<",x3="<<x3<<endl;
     p1=872;p2=76;p3=27;
```

```
        cout<<"x1="<<x1<<",x2="<<x2<<",x3="<<x3<<endl;
        f2(p1,p2,p3);
        cout<<"x1="<<x1<<",x2="<<x2<<",x3="<<x3<<endl;
}
```

运行结果为：

```
x1=3,x2=38,   x3=125
x1=872,x2=76, x3=27
x1=27,x2=76,  x3=872
```

6.3.2　解题分析

指针存放的是变量或对象的地址,对指针的访问就是间接地访问它所指向的变量或对象。引用是变量或对象的别名,对引用的访问就是直接访问它所引用的变量或对象,引用的使用与它所引用的变量或对象的使用完全一样。

在例 6.19 中 p 被定义为具有 char 类型的指针,这意味着它是指向字符的指针。数组 str_1 的每一个单元都保存了一个字符,p 可以指向其中任何一个。语句"p＝str_1;"表示将数组 str_1 的第一个单元地址保存在变量 p 中。for 循环读取字符保存在数组中,"＊p"表示指针 p 所指向的单元,而不是 p 本身,"p＋＋"使 p 指向下一个存储单元。语句"p＝str_1＋15"将 p 初始化为指向数组的第 16 个单元,也就是最后一个单元,通过 for 循环和地址递减实现逆向输出。

在例 6.20 中,调用函数不能改变实参指针变量的值,但可以改变实参指针变量所指向的变量的值,由于函数的调用可以而且只能得到一个返回值,所以使用指针变量作为参数,可以得到多个变化了的值。对引用的存取就是对所引用变量的存取,在函数 f2(int &a,int &b,int &c)中,可以直接对形参 p1、p2、p3 赋值,实现对变量 x1、x2 和 x3 的赋值。

6.3.3　小结

本章简要介绍了指针和引用的基础知识。在指针一节中,主要介绍了指针变量的定义、指针的赋值操作、对象指针、this 指针的概念;在引用一节中,介绍了引用的定义、引用返回值的概念,并给出了大量的实例。

要求通过本章的学习掌握指针和引用的使用技巧,为进一步深入学习 C++ 语言打下良好的基础。

实训 6　编制一个排序数组类

1. 实训题目

冒泡排序是一个排序程序,它将无次序的数列,排成从小到大的有序数列。冒泡排序对要排列的数组做若干次循环处理,每一次循环过程都会将某一元素和其后的元素作比较,次序不符合的时候,将两元素对调。每一次循环处理中,较小的元素会像"气泡"一样逐渐升到适当的位置,所以称此排序方法为"冒泡排序"。

2. 实训要求

(1) 建成一个数组类。
(2) 使用指针变量指向动态数组。
(3) 运用引用参数实现数据交换。
(4) 编写成员函数完成排序。
(5) 编制主程序验证结果。

习 题 6

6.1 给出下面程序段的运行结果以及每行程序的作用。

```
#include<iostream.h>
void main()
{   int * I_ptr;
    int I;
    I_ptr=&I;
    I=10;
    cout<<"int I="<<I<<endl;
    cout<<"int I="<< * I_ptr<<endl;
}
```

6.2 指定长整型变量var1的初始值为100,单精度浮点数var2的初始值为100.11,整型变量var3的初始值为200,再分别声明指针变量ptr1、ptr2、ptr3分别持有上面变量的地址,并显示出这些变量和这些变量在内存的地址。

6.3 设有一个整型数组A,有10个元素(分别为1,2,3,…,10),输出各个元素。要求使用数组名和指针运算来实现。

6.4 给出下面程序段的输出结果,解释主要程序行的作用。

```
#include<iostream.h>
void main()
{   int line1[]={1,0,0};
    int line2[]={0,1,0};
    int line3[]={0,0,1};
    int * p_line[3];
    p_line[0]=line1;
    p_line[1]=line2;
    p_line[2]=line3;
```

```
        cout<<"\t 矩阵: "<<endl;
        for(int i=0;i<3;i++)
        {for(int j=0;j<3;j++)cout<<"\t"<<p_line[i][j];cout<<endl;}
}
```

6.5 给出下面程序段的输出结果。

```
#include<iostream.h>
void main()
{
    static char * s1[]={"中国","Beijing","Shanghai","Guangzhou","Suzhou",
                        "Shenzhen","安徽"};
    for(int I=0;I<7;I++)
        cout<< * (s1+I)<<endl;
}
```

6.6 设计一个函数,以参数方式输入一个字符串,返回该字符串的长度。

6.7 设计一个函数,比较两个字符串是否相同。

6.8 使用指针来完成输入两个整数,再按照从大到小的顺序输出。

6.9 给出下面程序段的运行结果。

```
func(int * a,int * b)
{   int p;
    p= * a;
    * a= * b;
    * b=p;
}
void main()
{   int a,b;
    int * p1, * p2;
    scanf("%d,%d",&a,&b);              //输入 2 个整数
    p1=&a;
    p2=&b;
    if(a<b)   func(p1,p2);
    cout<<"\n 输出: "<<a<<",  "<<b<<endl;
}
```

6.10 给出下面程序的运行结果。

```
void func(int &a,int &b)
{   int p;
    p=a;
    a=b;
    b=p;
}
void exchange(int &a,int &b,int &c)
```

```
{   if(a<b)   func(a,b);
    if(a<c)   func(a,c);
    if(b<c)   func(b,c);
}
void main()
{   int a,b,c;
    a=12;b=678;c=53;
    exchange(a,b,c);
    cout<<endl<<"a="<<a<<",b="<<b<<",c="<<c<<endl;
}
```

6.11 给出下面程序段的运行结果并说明主程序各行语句的作用。

```
#include<iostream.h>
class point
{   int x,y;
public:
    point(int xx=0,int yy=0)
    {   x=xx;
        y=yy;
    }
    int getx(){return x;}
    int gety(){return y;}
};
void main()
{   point M(10,20);
    point * p;
    p=&M;
    int a,b;
    a=p->getx();
    b=p->gety();
    cout<<"a="<<a<<endl;
    cout<<"b="<<b<<endl;
}
```

6.12 给出下面程序段的运行结果。

```
#include<iostream.h>
void main()
{   int a[3][5]={   {1,2,3,4,5},
                    {6,7,8,9,10},
                    {11,12,13,14,15} };
    for(int i=0;i<3;i++)
    {   for(int j=0;j<5;j++)
        cout<< * (a[i]+j)<<"\t";
        cout<<endl;
```

    }
}

6.13 设计一个函数,应用指针类型完成向量的乘法。

设有两个向量 A,B,A=(a1,a2,a3,…,an),B=(b1,b2,b3,…,bn)。它们的向量积为:S=a1*b1+a2*b2+a3*b3+…+an*bn。若 A=(1,2,3,4,5),B=(6,7,8,9,10),使用数组和指针2种方式编制主程序验证结果。

6.14 给出下面程序段的运行结果。

```
#include<iostream.h>
void main()
{   char * pc;
    char str1[]="I like C++\0fg";
    char str2[]="Welcome to China.";
    pc=str1;
    cout<< * pc<<endl;
    cout<<pc<<endl;
    pc=str2;
    cout<<pc<<endl;
}
```

6.15 设计一个表示矩形的类 Rect,其数据成员长 float * length 和宽 float * width 为指针变量,设计各种操作,并且应用指针建立对象测试类。

第 7 章 继承

面向对象程序设计中，可以在已有类的基础上定义新的类，而不需要把已有类的内容重新书写一遍，这就是继承。已有类称为基类或父类，在继承建立的新类称为派生类或导出类、子类。

继承性允许一个类从其他类中继承属性。如果一个对象从单个基类中继承了属性，就被称为单继承；如果一个对象从多个基类中继承了属性，就被称为多重继承。继承是面向对象的一个重要的概念，它同时也是面向对象程序设计中的一个有力的武器，较好地解决了代码重用问题。

7.1 基类和派生类

基类和派生类是继承中的两个概念，被继承的类称为基类，由继承产生的新类称为派生类。

7.1.1 派生类的定义

一个派生类可以看做是对现有类的继承或扩展，原有的类称为基类或父类。派生类提供了扩展或定制基类特性的简单手段，不需要重新创建基类本身。

实现继承的方法是类的派生，任何一个类都可以作为基类，从这个基类可以派生出多个类，这些派生的类不仅具有基类的特征，而且还可以定义自己独有的特征。程序员可以通过类的派生来构造可重用的类库。

使用派生类可以提高程序的效率，因为它支持代码重用，不需要建立一系列独立冗长的数据结构来处理所有数据的函数。而使用传统的数据结构，每处理一次都有不必要的重复信息，内存分配增多，相应的访问速度也会降低，而且程序还需要更多时间来判断表达式的正误和通过复杂的条件集来访问所需数据。派生类因为无须保存大量的冗余数据从而可以节省程序员的大量时间。

C++中定义派生类的语法格式如下：

class<派生类名>:<继承方式><基类名>{

        新增私有成员声明语句列表
    public:
        新增公有成员声明语句列表
    protected:
        新增保护成员声明语句列表
};

继承方式决定了子类对父类的访问权限,包括 public、private 和 protected 3 种,默认为 private,最常用的是 public。

【例 7.1】 圆 Circle 类继承点 Point 类。

```
class Point {
        float x,y;                                      //点的坐标
    public:
        Point(float a=0,float b=0){x=a;y=b;}            //点的构造函数
        void SetP(float a=0,float b=0){x=a;y=b;}
        void Display(){cout<<"位置是:("<<x<<','<<y<<")\n";}
};
class Circle : public Point{
        float r;                                        //圆的半径
    public:
        Circle(float z=1,float x=0,float y=0):Point(x,y)  //调用基类的构造函数
        {r=z;}                                            //圆自己的构造函数的函数体
        void SetC(float z=1,float x=0,float y=0){r=z;SetP(x,y);}
        void Print()
        {   cout<<"圆的";
            Display();
            cout<<"圆的半径是:"<<r<<endl;
        }
};
void main()
{       Circle a(3.2);
        a.Print();
        a.SetC(6,8,2);
        a.Print();
}
```

运行结果为:

圆的位置是:(0,0)
圆的半径是:3.2
圆的位置是:(8,2)
圆的半径是:6

圆 Circle 类继承了点 Point 类的位置,实现了程序 Point 类的重用。

关于继承的几点说明：

(1) 如果子类继承了父类,则子类自动具有父类的全部数据成员(数据结构)和成员函数(功能);但是,子类对父类的成员的访问有所限制。

(2) 子类可以定义自己的成员：数据成员和成员函数。

(3) 基类、派生类或父类、子类都是相对的。一个类派生出新的类就是基类。派生类也可以被其他类继承,这个派生类同时也是基类。

7.1.2　继承方式

继承类别包括公有继承、私有继承和保护继承。

1) 公有继承

派生时用 public 作继承方式。

基类的公有段(public)成员被继承为公有的。

基类的私有段(private)成员在派生类中不可见。

基类的保护段(protected)成员被继承为保护的。

2) 私有继承

派生时用 private 作继承方式。

基类的公有段(public)成员被继承为私有的。

基类的私有段(private)成员在派生类中不可见。

基类的保护段(protected)成员被继承为私有的。

3) 保护继承

派生时用 protected 作继承方式。

基类的公有段(public)成员被继承为保护的。

基类的私有段(private)成员在派生类中不可见。

基类的保护段(protected)成员被继承为保护的。

注意事项：

(1) 无论哪种继承方式,基类中的 private 成员在派生类中都是不可见的,换句话说,基类中的 private 成员不允许外部函数或派生类中的任何成员访问。

(2) private 派生确保基类中的方法只可以让派生类对象中的方法间接使用,而不能被外部使用。

(3) public 派生使得派生类对象和外部都可以直接使用基类中的方法,除非这些方法已被重新定义。

(4) protected 成员是一种血缘关系内外有别的成员,它对派生对象来说,是公开成员,可以访问;对血缘外部来讲,和 private 成员一样被隐蔽。

(5) private 派生使得基类的非私有成员都成为派生类中的私有成员;protected 派生使基类中的非私有成员的访问属性在派生类中都降为保护的;public 派生使得基类的非私有成员的访问属性在派生类中保持不变。

不同继承方式的结果见表 7.1。

表 7.1 派生类的继承访问属性

private 派生		protected 派生		public 派生	
基类	派生类	基类	派生类	基类	派生类
private ——→ 不可见		private ——→ 不可见		private ——→ 不可见	
protected ——→ private		protected ——→ protected		protected ——→ protected	
public ——→ private		public ——→ protected		public ——→ public	

7.2 单 继 承

单继承就是每个派生类只有一个基类,派生类只从单个基类中继承属性。

7.2.1 继承成员的访问权限

类中的成员有不同的访问权限。

公有成员:一个类的公有成员允许本类的成员函数、本类的对象、公有派生类的成员函数、公有派生类的对象访问。

私有成员:一个类的私有成员只允许本类的成员函数访问。

保护成员:具有私有成员和公有成员的特性,对其派生类而言是公有成员,对其对象而言是私有成员。基类数据成员声明为保护的是有益的,派生类可以自由访问,外部不能访问,既实现信息重用,又做到了信息隐藏。

【例 7.2】 类的各种成员的访问权限。

```
#include<iostream.h>
class A{
    int i;                              //私有成员
    protected:                          //保护成员
    int j;
    void fn1(){cout<<"保护成员 i="<<i<<" j="<<j<<endl;}
    public:                             //公有成员
    A(int x,int y){i=x;j=y;}
    void fn2()                          //成员函数可以访问保护成员
    {cout<<"公有成员 i="<<i<<" j="<<j<<endl;fn1();}
};
void main()
{
    A x(21,63);;
    x.fn2();
}
```

运行结果为：

公有成员 i=21 j=63
保护成员 i=21 j=63

在主程序中只能访问公有成员，成员函数可以访问保护成员和私有成员，在例 7.2 中，只能通过函数 fn2()访问函数 fn1()，不能在主程序中直接调用 x.fn1()。

【例 7.3】 学校职工类的公有继承和私有继承。

```
#include<iostream.h>
#include<string.h>
class people
{     char name[10],sex;                              //姓名,性别
      long idnumber;                                  //身份号码
public:
      people(long num=0,char * n="",char s='m')       //构造函数
      {     idnumber=num;
            strcpy(name,n);
            sex=s;
      }
      void p_show()
      {     cout<<"人员：编号="<<idnumber;
            cout<<"  姓名="<<name<<"  性别="<<sex<<endl;
      }
};
class member:private people                           //教工类私有继承 people 类
{     int m_num;                                      //工号
public:
      char department[10];                            //部门
      member(long n,char * na,char s='m',int mn=0,char * md="\0"):people(n,na,s)
        {m_num=mn;strcpy(department,md);}             //构造函数
      void m_show()
      {     cout<<"教工\t";
            p_show();                                 //访问基类的公有成员
            cout<<"教工编号：m_num="<<m_num<<"  单位="<<department<<endl;
      }
};
class worker:public member                            //工人类公有继承类 member
{     char station[10];                               //岗位
public:
      worker(long n,char * na,char s='m',int mn=0,char * md="\0",char * st="\0"):
            member(n,na,s,mn,md){strcpy(station,st);} //构造函数
      void w_show()
      {     cout<<"工人\t";
            m_show();                                 //访问基类的公有成员
```

```
        cout<<"   岗位="<<station<<endl<<endl;
    }
};
class teacher:private member                        //教师类私有继承类member
    {   char course[10];                            //执教课程
      public:
        teacher(long n,char * na,char s='m',int mn=0,char * md="\0",char * tc="\0"):
            member(n,na,s,mn,md){strcpy(course,tc);}   //构造函数
        void t_show()
        {   cout<<"教师\t";
            m_show();                               //访问基类的公有成员
            cout<<"课程="<<course<<endl<<endl;
        }
};
void main()
{   worker w(123456,"王祥",'m',3761,"生物系","实验室");
    w.w_show();
    w.m_show();//worker类公有继承member,所以可以直接访问member类的公有成员
    //w.p_show();member类私有继承people,不可以直接访问people类的公有成员
    teacher t(661001,"李辉",'m',1954,"计算机系","C++ ");
    t.t_show();
    //t.m_show();teacher类私有继承member,不可以直接访问member类的公有成员
    //t.p_show();teacher类私有继承member,member私有继承people类,不可以直接访问people类的公有成员
}
```

类的继承关系如图7.1所示。类people是基类定义人的姓名、性别、身份号码和对这3种数据的显示。类member私有继承people,定义了职工号、部门和信息显示,类member生成的对象不能直接访问类people中的任何成员。类worker公有继承类member,定义了岗位和信息显示,类worker生成的对象可以直接访问类member中的公有成员。类teacher私有继承类member,定义了执教课程和信息显示,类teacher生成的对象不能直接访问类member中的任何成员。

图7.1 例7.3类的继承机制

运行结果为:

工人　　教工　　人员：编号=123456　姓名=王祥　性别=m
教工编号：m_num=3761　单位=生物系
岗位=实验室
教工　　人员：编号=123456　姓名=王祥　性别=m
教工编号：m_num=3761　单位=生物系
教师　　教工　　人员：编号=661001　姓名=李辉　性别=m

教工编号：m_num=1954　单位=计算机系
课程=C++

【例7.4】 类的保护继承。

```
#include<iostream.h>
class A{
    int i;
protected:
    int j;
    void show_A1(){cout<<"A保护显示：i="<<i<<" j="<<j<<endl;}
public:
    A(int x,int y){i=x;j=y;}
    void show_A2()
    {   cout<<"A2在执行show_A1()......";
        show_A1();
        cout<<"A2执行完毕。"<<endl;
    }
};
class B:protected A{
    int x;
public:
    B(int i,int j,int k):A(i,j){x=k;}
    void show_B()
    {   cout<<"B在执行show_A1()......";
        show_A1();                              //保护继承可以访问A的保护成员
        cout<<"B公有显示：x="<<x<<endl;
        cout<<"B执行完毕。"<<endl;
    }
};
class C:public B{
public:
    C(int i,int j,int x):B(i,j,x){}             //空语句
    void show_C()
    {   cout<<"C在执行show_A2()......";
        show_A2();                              //说明可以访问A2,A2是B的保护成员
        cout<<"C在执行show_A1()......";          //这两句是多余的
        show_A1();                              //说明可以访问A1,A1也是B的保护成员
        cout<<"C在执行show_B()......";
        show_B();
        cout<<"C执行完毕。"<<endl;
    }
};
void main()
{   B b(1,2,3);
```

```
b.show_B();
//b.show_A2();B 从 A 类保护继承,所以不能直接访问 A 类的公有成员
C c(100,200,300);
c.show_C();
//c.show_A2();C 从 B 类公有继承,而 B 从 A 保护继承,所以不能直接访问 A 类的公有成员
}
```

表 7.2 列出了类例 7.4 中的继承属性。

表 7.2 例 7.4 类的继承属性

	i	j	x	show_A1()	show_A2()	show_B()
在 A 中	私有的	保护的	无	保护的	公有的	无
在 B 中	不可见	保护的	私有的	保护的	保护的	公有的
在 C 中	不可见	保护的	不可见	保护的	保护的	公有的

运行结果为：

B 在执行 show_A1()……A 保护显示：i=1 j=2
B 公有显示：x=3
B 执行完毕。
C 在执行 show_A2()……A2 在执行 show_A1()……A 保护显示：i=100 j=200
A2 执行完毕。
C 在执行 show_A1()……A 保护显示：i=100 j=200
C 在执行 show_B()……B 在执行 show_A1()……A 保护显示：i=100 j=200
B 公有显示：x=300
B 执行完毕。
C 执行完毕。

7.2.2 构造函数和析构函数

在派生关系中,构造函数和析构函数是不能继承的,对派生类要重新定义构造函数和析构函数。因为一个派生类对象中也包含了基类数据成员的值,所以在声明一个派生类对象时,系统首先要通过派生类的构造函数调用基类中的构造函数,对基类成员初始化,然后对派生类中新增的成员初始化。也就是说,派生类的构造函数除了对新增成员进行初始化处理之外,还要调用基类的构造函数。

在例 7.1、例 7.3 和例 7.4 中,派生类的构造函数已经调用了基类的构造函数。一般来说,若 X 类派生出 Y 类,派生类 Y 中的构造函数的语法格式如下：

Y::Y(ArgX1,ArgX2,…,ArgY1,ArgY2,…) : X(ArgX1,ArgX2,…)

其中 Y 为派生类名,X 为 Y 的直接基类名,$ArgX_i$ 是 X 构造函数中的参数,$ArgY_i$ 是 Y 构造函数中的参数。

【例 7.5】 声明一个派生类对象的实际操作步骤。
(1) 设计基类。如要建立教工类,首先建立人员基类。

```cpp
class people
{   char name[10],sex;                              //姓名,性别
    long idnumber;                                  //身份号码
public:
    people(long num=0,char * n="",char s='m')       //构造函数
    {   idnumber=num;
        strcpy(name,n);
        sex=s;
    }
    void p_show()                                   //显示函数
    {   cout<<"人员：身份号="<<idnumber;
        cout<<"姓名="<<name<<"性别="<<sex<<endl;
    }
};
```

（2）设计派生类。

```cpp
class member:public people                          //教工类公有继承 people 类
{   int m_num;                                      //工号
public:
    char department[10];                            //部门
    member(long n,char * na,char s='m',int mn=0,char * md="\0"):people(n,na,s)
    {m_num=mn;strcpy(department,md);}               //构造函数
    void m_show()
    {   cout<<"教工\t";
        p_show();                                   //访问基类的公有成员
        cout<<"教工编号：m_num="<<m_num<<"  单位="<<department<<endl;
    }
};
```

（3）定义对象。声明派生类 member 类对象。

```cpp
member w(123456,"王一",'m',789,"计算机系");
```

创建该类对象时，自动调用 member 类的构造函数，再由 member 类的构造函数调用基类 people 类的构造函数。首先执行的是基类 people 类的构造函数，创建它的成员，然后执行派生类 member 类的构造函数，从而创建它的成员，如图 7.2 所示。

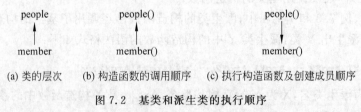

(a) 类的层次　　(b) 构造函数的调用顺序　　(c) 执行构造函数及创建成员顺序

图 7.2　基类和派生类的执行顺序

派生类的构造函数的构成形式和包含对象成员的类的构造函数相似而不相同。派生类的构造函数要直接调用基类的构造函数，在冒号后写的是基类的构造函数表达式，而包

含对象成员的类的构造函数是要在构造函数中创建一个成员对象,冒号后边使用的是成员对象名和初始化参数。

当派生类对象撤销时,析构函数调用的顺序和构造函数相反,先撤销派生类本身,再撤销其成员,最后撤销基类。

每个类都有一个析构函数来释放类中使用的动态数据成员。类析构函数没有参数,不需要显式地在派生类中调用基类的析构函数。

单继承中的构造函数和析构函数的应用说明:

(1) 派生类的构造函数的初始化列表中列出的均是直接基类的构造函数。

(2) 构造函数不能被继承,因此派生类的构造函数只能通过调用基类的某个构造函数(如果有重载的话)来初始化基类子对象。

(3) 派生类的构造函数只负责初始化自己定义的数据成员。

(4) 先调用基类的构造函数,再调用派生类自己的数据成员所属类的构造函数,最后调用派生类的构造函数;派生类的数据成员的构造函数被调用的顺序取决于在类中声明的顺序。

(5) 析构函数不可以继承,不可以被重载,也不需要被调用。

(6) 派生类的对象的生存期结束时自动调用派生类的析构函数,在该析构函数结束之前再自动调用基类的析构函数,所以,析构函数的被自动调用次序与构造函数相反。

7.2.3 单继承的应用

以教师和学生信息管理为例,简单介绍单继承的使用。

【例 7.6】 设计表示学校教师、职工和学生的类及其继承关系。

```
#include<iostream.h>
#include<string.h>
class people
{       char name[10],sex;                          //姓名,性别
        long idnumber;                              //身份号码
public:
        people(long num=0,char * n="",char s='m')   //构造函数
        {   idnumber=num;
            strcpy(name,n);
            sex=s;
        }
        void p_show()
        {   cout<<"人员:身份号="<<idnumber;
            cout<<"  姓名="<<name<<"  性别=";
            if(sex=='m'||sex=='M')cout<<"男"<<endl;
            if(sex=='w'||sex=='W')cout<<"女"<<endl;
        }
};
class student:public people                         //学生类公有继承 people 类
```

```cpp
{   int s_num;                                          //学号
public:
    int s_class;                                        //班级
    student(long n,char * na,char s='m',int sn=0,int sc=0):people(n,na,s)
    {s_num=sn;s_class=sc;}                              //构造函数
    void s_show()
    {cout<<"学生\t";
        p_show();
        cout<<"学号="<<s_num<<"班级="<<s_class<<endl;
    }
};
class member:public people                              //教工类公有继承people类
{   int m_num;                                          //工号
public:
    char department[10];                                //部门
    member(long n,char * na,char s='m',int mn=0,char * md="\0"):people(n,na,s)
    {m_num=mn;strcpy(department,md);}                   //构造函数
    void m_show()
    {   cout<<"教工\t";
        p_show();                                       //访问基类的公有成员
        cout<<"教工编号="<<m_num<<"单位="<<department;
    }
};
class worker:public member                              //工人类公有继承类member
{   char station[10];                                   //岗位
public:
    worker(long n,char * na,char s='m',int mn=0,char * md="\0",char * st="\0"):
        member(n,na,s,mn,md){strcpy(station,st);}       //构造函数
    void w_show()
    {   cout<<"工人\t";
        m_show();                                       //访问基类的公有成员
        cout<<"\t 岗位="<<station<<endl;
    }
};
class teacher:public member                             //教师类公有继承基类member
{       char course[10];                                //执教课程
public:
        teacher(long n,char * na,char s='m',int mn=0,char * md="\0",
char * tc="\0"):
            member(n,na,s,mn,md){strcpy(course,tc);}//构造函数
        void t_show()
        {   cout<<"教师\t";
            m_show();                                   //访问基类的公有成员
            cout<<"\t 执教课程="<<course<<endl;
```

```
        }
};
void main()
{   people p(981102,"赵一",'w');
    p.p_show();
    student s(781010,"钱二",'m',1001,982);
    s.s_show();
    worker w(123456,"孙三",'m',123,"计算机系","秘书");
    w.w_show();
    teacher t(661001,"李四",'m',456,"计算机系","C++");
    t.t_show();
    cout<<"直接访问公有基类的公有成员: "<<endl;
    t.m_show();              //公有继承的派生类对象直接访问基类的公有成员
    t.p_show();              //公有继承的派生类对象直接访问基类的基类的公有成员
    cout<<t.department<<endl;   //直接访问基类的公有数据成员
}
```

在例 7.6 中所有的继承全是公有继承(见图 7.3)。在派生类中,最一般的继承就是公有继承。运行结果为:

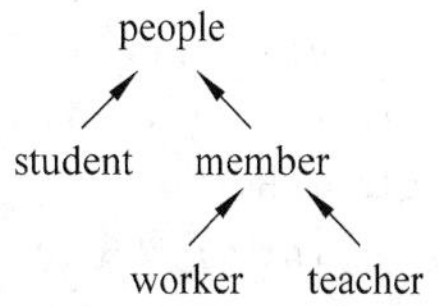

人员: 身份号=981102 姓名=赵一 性别=女
学生   人员: 身份号=781010 姓名=钱二 性别=男
学号=1001   班级=982
工人   教工   人员: 身份号=123456 姓名=孙三 性别=男
教工编号=123 单位=计算机系   岗位=秘书
教师   教工   人员: 身份号=661001 姓名=李四 性别=男
教工编号=456 单位=计算机系   执教课程=C++
直接访问公有基类的公有成员:
教工   人员: 身份号=661001 姓名=李四 性别=男
教工编号=456 单位=计算机系   人员: 身份号=661001 姓名=李四 性别=男
计算机系

图 7.3 例 7.6 类的继承机制

7.3 多 继 承

7.3.1 多继承的概念

多继承是由多个基类派生出新的类。多继承机制如图 7.4 所示。

类 class_D 继承 class_A、class_B、class_C 三个基类,类 class_D 是类 class_A、class_B、class_C 的派生类,类 class_D 包含类 class_A、class_B、class_C 的所有数据成员和成员函数。

多继承派生类的语法格式如下:

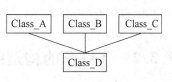

图 7.4 多继承机制

class<派生类名>:<继承方式1><基类名1>,<继承方式2><基类名2>,……
{ <新增成员列表> };

在多继承中,若基类的成员有重名的,使用这个成员时,要加基类名和作用域运算符::来指明是哪个类的成员。例如,Class_A、Class_B和Class_C都有公有变量x,在派生类Class_D使用基类的变量x,要分别写作:Class_A::x、Class_B::x、Class_C::x。在派生类Class_D的对象Obj中,使用基类的变量x,要分别写作:Obj.Class_A::x、Obj.Class_B::x、Obj.Class_C::x。

【例7.7】 一个简单的多继承。

程序如下:

```cpp
#include<iostream.h>
class A{
    int i;
public:
    A(int ii=0){i=ii;}
    void show()  {cout<<"A::show()A中i="<<i<<endl;}
};
class B{
    int i;
public:
    B(int ii=0){i=ii;}
    void show(){cout<<"B::show()B中i="<<i<<endl;}
};
class C:public A,public B{
    int i;
public:
    C(int iA=0,int iB=0,int iC=0):A(iA),B(iB){i=iC;}
    void show(){cout<<"C::show()C中i="<<i<<endl;}
};
void main()
{   C c(1,2,3);
    c.A::show();             //调用对象c的基类A的成员函数show()
    c.B::show();             //调用对象c的基类B的成员函数show()
    c.show();                //调用对象c所属的类C的成员函数show()
}
```

运行结果为:

A::show()A中i=1
B::show()B中i=2
C::show()C中i=3

7.3.2 多继承的构造函数

多基派生类的构造函数的一般形式为:

```
<派生类名>::<派生类名>(<参数表 1>,<参数表 2>,…):
        <基类名 1>(参数表 1),<基类名 2>(参数表 2)…
{<派生类成员>}
```

若基类使用无参构造函数时,可以将基类的构造函数省略。基类的构造函数必须是已定义的。

多重继承的构造函数按照下面的原则被调用:

(1) 先基类,后自己。

(2) 在同一层上如有多个基类,按派生时定义的先后次序执行。

7.3.3 多继承的应用

多继承有普遍的应用,例如,客货两用车,具有客车的特征,也具有货车的特征;西红柿具有水果的特征,也具有蔬菜的特征;青蛙具有陆地动物的特征,也具有水中动物的特征。这些都是生活中的多继承。

【例 7.8】 西红柿的多继承。

定义水果和蔬菜 2 个类作为基类,西红柿作为派生类。程序如下:

```
class fruit{                                        //定义水果类
public:
    print(){cout<<"直接食用,味道鲜美!"<<endl;}
};
class vegetable{                                    //定义蔬菜类
public:
    print(){cout<<"烧炒烹炸,餐桌佳肴!"<<endl;}
};
class tomato : public fruit,public vegetable{      //定义西红柿类
public:
    print(){cout<<"西红柿:酸甜可口!"<<endl;}
};
void main()
{   tomato t;
    t.print();
    t.fruit::print();
    t.vegetable::print();
}
```

运行结果为:

西红柿:酸甜可口!
直接食用,味道鲜美!
烧炒烹炸,餐桌佳肴!

7.4 虚 基 类

7.4.1 虚基类的定义

在多继承中,若在多条继承路径上,有公共基类,这个公共基类便会产生多个副本。为了解决这个问题,把公共基类定义为虚基类。使用虚基类的继承称为虚拟继承。

虚基类是对派生类而言,所以,虚基类本身的定义同基类一样,在定义派生类时声明该基类为虚基类即可,就是冠以关键字:virtual。

虚基类在定义由基类直接派生的类时说明。说明的语法格式为:

class<派生类名>:virtual<继承方式><基类名>

【例7.9】 一个虚基类继承的例子。
程序如下:

```
#include<iostream.h>
class A{
public:
    void fn(){cout<<"A:fn()"<<endl;}
};
class B1: virtual public A{                  //虚拟继承
public:
    void fn(){cout<<"B1:fn()"<<endl;}
};
class B2: virtual public A{                  //虚拟继承
public:
    void fn(){cout<<"B2:fn()"<<endl;}
};
class C1:public B1 {};
class C2:public B2 {};
class D:public C1,public C2 {};
void main()
{   D obj;
    obj.C1::fn();
    obj.C2::fn();
    obj.A::fn();                             //可以执行,无二义性
}
```

若类 A 不是虚基类语句 obj.A::fn()就不能执行,这是因为计算机无法确定是执行 B1 继承的基类 A 的函数,还是执行 B2 继承的基类 A 的函数,具有二义性。A 为虚基类就只有一个基类副本。

运行结果为：

B1: fn1()
B2: fn1()
A:fn()

若基类使用无参构造函数时，可以将基类的构造函数省略。基类的构造函数必须是已定义的。对于例7.9，A是否为虚基类，程序结构不一样，如图7.5所示。

多重继承的构造函数按照下面的原则被调用：
(1) 先基类，后派生类。
(2) 在同一层上如有多个基类，则先虚基类，后非虚基类。

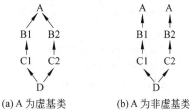

图7.5　虚基类和非虚基类的不同继承结构

(3) 在同一层上如有多个虚基类，则按派生时定义的先后次序执行；在同一层上如有多个非虚基类，则按派生时定义的先后次序执行。
(4) 对于一个派生类的某个虚基类的构造函数一旦被执行过，就不再被多次执行。也就是虚基类的构造函数只能执行1次。
(5) 虚基类的派生类的构造函数的定义无特殊规定。
(6) 如果虚基类的直接派生类的构造函数的初始化列表中不调用虚基类的构造函数，则该派生类的虚基类的构造函数必须是无参的，或全部是默认值的构造函数。

7.4.2　虚基类的构造函数

首先通过一个例子来认识虚基类的构造函数和用法。

【例7.10】　虚基类的构造函数。

程序如下：

```
#include<iostream.h>
#include<string.h>
  class base{
    char name[15];
  public:
    base(char * m="王五"){strcpy(name,m);}
    void show(){cout<<"base 输出："<<name<<endl;}
};
  class base1:virtual public base{
  public:
    base1(char * m):base(m){}
};
  class base2:virtual public base{
  public:
```

```
        base2(char * m):base(m){}
    };
    class derive: virtual public base1,public base2{
        char name[15];
    public:
        derive(char * , char * , char * , char * );
        derive(char * , char * , char * );
        void showD(){cout<<"derive 输出:"<<name<<endl;}
    };
    derive::derive(char * p,char * q,char * r,char * t):base(p),base1(q),base2(r)
{strcpy(name,t);}
    derive::derive(char * p,char * q,char * r):base1(p),base2(q)
{strcpy(name,r);}
    void main()
    {    derive d("赵易","钱耳","孙伞","李思");
         d.show();
         d.showD();
         derive c("赵易","钱耳","孙伞");
         c.show();
         c.showD();
         base1 b("周武");
         b.show();
    }
```

运行结果为：

base 输出：赵易
derive 输出：李思
base 输出：王五
derive 输出：孙伞
base 输出：周武

　　derive 类把 base1 和 base2 当做它的基类，通过声明 base1 和 base2 为虚基类而解决了用 base 进行多次继承的问题。当 derive 的构造函数调用基类构造函数时，它必须直接调用 base 的构造函数。对象 c 使用 derive(char * ,char * ,char *)构造函数没有直接调用 base 的构造函数，它也不再通过 base1 或者 base2 调用构造函数，而是自动调用 base 的默认参数构造函数。

　　只有最远派生类的构造函数才会调用虚基类的构造函数。使用一个虚基类时，最远派生类的构造函数的职责是对虚基类进行初始化。这意味着该类不管离虚基类多远，都有责任对虚基类进行初始化。

7.4.3　虚基类的应用

　　虚基类实现了程序的动态连接，给编写程序带来了方便。

【例 7.11】 设计一个表示在职学生的类。

先设计一个基类 people 表示一般人员的基本信息,再设计一个表示工作人员的类 job,还要设计一个表示学生的类 student,以这些类作为基类派生出在职学生类。

图 7.6(a)表明了在职学生类的层次结构,people 是一个虚基类,所以它只有一个副本。若 people 是一个非虚基类,则结果如图 7.6(b),出现 2 个 people 副本,这是不符合题目原意的。

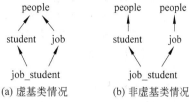

图 7.6 在职学生类的层次结构

程序如下:

```cpp
#include<iostream.h>
#include<string.h>
class people
{       char name[10],sex;                              //姓名,性别
        long idnumber;                                  //身份号码
public:
        people(long num=0,char * n="",char s='m')       //构造函数
        {   idnumber=num;
            strcpy(name,n);
            sex=s;
        }
    void p_show()
    {   cout<<"人员:身份号="<<idnumber;
        cout<<"  姓名="<<name<<"  性别=";
        if(sex=='m'||sex=='M')cout<<"男"<<endl;
        if(sex=='w'||sex=='W')cout<<"女"<<endl;
    }
};
class job: virtual public people                        //工作人员类公有继承 people 虚基类
{   int m_num;                                          //工号
    char department[10];                                //单位
public:
    job(long n,char * na,char s='m',int mn=0,char * md="\0"):people(n,na,s)
        {m_num=mn;strcpy(department,md);}               //构造函数
    void m_show()
    {   cout<<"工作人员";
        cout<<"编号="<<m_num<<"单位="<<department;
    }
};
class student: virtual public people                    //学生类公有继承 people 虚基类
{   int s_num;                                          //学号
    int s_class;                                        //班级
    public:
```

```
        student(long n,char * na,char s='m',int sn=0,int sc=0):people(n,na,s)
          {s_num=sn;s_class=sc;}                //构造函数
         void s_show()
         {    cout<<"在校学生";
              cout<<"学号="<<s_num<<"班级="<<s_class<<endl;
         }
    };
    class job_student:public job,public student{
    public:
       job_student(long n,char * na,char s='m',int mn=0,char * md="\0",int No=0,int sta=1):
              job(n,na,s,mn,md),student(n,na,s,No,sta),people(n,na,s){ }  //构造函数
         void t_show()
         {    cout<<"在职学生"<<endl;
         }
    };
    void main()
    {   job_student w(123456,"赵一",'m',123,"商场",456,2002);
         w.t_show();
         w.p_show();
         w.s_show();
         w.m_show();
         cout<<endl;
    }
```

运行结果为：

在职学生
人员：身份号=123456 姓名=赵一 性别=男
在校学生 学号=456 班级=2002
工作人员 编号=123 单位=商场

7.5 例题分析和小结

7.5.1 例题

【例 7.12】 给出下面程序的运行结果。

```
#include<iostream.h>
class basescore{
    int math;
protected:
    int eng;
```

```cpp
public:
    int chem;
};
class dbase1: public basescore{                //公有继承
public:
    void input()
    {   cout<<"输入英语成绩：";
        cin>>eng;
        cout<<"输入C++成绩：";
        cin>>chem;
    }
    void output()
    {   cout<<"英语成绩："<<eng<<endl;
        cout<<"C++成绩："<<chem<<endl;
    }
};
class dbase2: private basescore{               //私有继承
public:
    void input()
    {   cout<<"输入英语成绩：";
        cin>>eng;
        cout<<"输入C++成绩：";
        cin>>chem;
    }
    void output()
    {   cout<<"英语成绩："<<eng<<endl;
        cout<<"C++成绩："<<chem<<endl;
    }
};
void main()
{   dbase1 pub;
    pub.input();                               //输入英语成绩和C++成绩
    dbase2 pri;
    pri.input();                               //输入英语成绩和C++成绩
    int s=pub.chem;                            //读取公有继承的C++成绩
    cout<<s<<endl;
    pub.output();
    pri.output();
}
```

运行结果为：

输入英语成绩：82
输入C++成绩：87
输入英语成绩：91

输入C++成绩：95
87
英语成绩：82
C++成绩：87
英语成绩：91
C++成绩：95

7.5.2 例题分析

在C++语言中，一个派生类可以从一个基类派生，也可以从多个基类派生。从一个基类派生的继承称为单继承，从多个基类派生的继承称为多继承。公有继承、私有继承和保护继承是常用的三种继承方式。

公有继承的特点是基类的公有成员和保护成员作为派生类的成员时，它们都保持原有的状态，而基类的私有成员仍然是私有的，basescore 中的 math 在派生类中是不能访问的。

私有继承的特点是基类的公有成员和保护成员都为派生类的私有成员，而且不能被这个派生类的子类所访问，但是可以被派生类的成员函数访问，如 eng 和 chem，可以被派生类的成员函数 output() 访问。

保护继承的特点是基类的公有成员和保护成员都为派生类的保护成员，而且只能被它的派生类成员函数或友元访问，基类的私有成员仍然是私有的。

例 7.12 首先定义了基类 basescore。dbase1 和 dbase2 是 basescore 的派生类。在派生类 dbase1 中，chem 是公有的，可以用 main 的类对象访问，如 s＝pub.chem；在派生类 dbase2 中，chem 变为私有的，不能用 main 的类对象访问。

7.5.3 小结

本章探讨了C++类的继承问题，引进了基类和派生类的概念。基类就是一种普通的类，任何一个类，若被其他类继承，这个类就是基类；派生类是继承基类的类，派生类包含基类所有的信息，但是又有自己独特的内容。

类中成员的访问权限有 3 种：公有成员在任何地方都能访问，私有成员只有本类中的成员函数可以访问，保护成员只有本类中的或派生类中的成员函数可以访问。有 3 种派生，公有派生对基类的访问权限不变，私有派生对基类的访问完全变为私有的，保护派生对基类的非私有访问权限变为保护的。基类的私有成员任何派生类都是不可见的。

单继承是只有一个基类派生的继承。多继承是由多个基类同时派生一个派生类，虚基类使一个基类不论在多继承中出现几次，最终只有一个副本，可以避免基类的重复定义。

通过对本章的学习，可以对类的派生有一个系统的了解，学会使用继承编写程序。

实训 7　人员类的继承

1. 实训题目

首先设计一个人员类 person 作为基类，其数据成员为姓名和身份号，成员函数有输入数据和显示数据；再设计一个学生地址类 add，包括数据成员地址和年龄，成员函数有输入数据和显示数据；生成 person 的派生类学生 student，student 包括数据成员电话号码和 C++ 成绩，成员函数也是有输入数据和显示数据；设计学生成绩类 score，它是 student 类和 add 类的派生类，继承 2 个类的所有属性，score 类本身有数据成员数学成绩和英语成绩，当然成员函数也有输入数据和显示数据；职员类 employee 继承 person 类，类中没有任何成员。并且编写主程序观察运行结果。

2. 实训要求

（1）建成人员类 person。
（2）建成地址类 add。
（3）由 person 类派生出 student 类。
（4）由 person 类派生出 employee 类。
（5）由 student 类和 add 类共同类派生出学生成绩类 score。
（6）编制主程序。
（7）运行主程序观察运行结果。

习　题　7

7.1　派生类构造函数执行的次序是怎样的？
7.2　C++ 中继承分为哪两类？继承方式又分为哪 3 种？
7.3　给出下面程序的运行结果。

```
class incount{
    int c1,c2;
public:
    incount(){c1=0;c2=1000;}
    incount(int vc1,int vc2){c1=vc1;c2=vc2;}
    void retcount(void){cout<<"c1="<<c1<<"c2="<<c2<<endl;}
    incount operator++(){c1++;c2++;return incount(c1,c2);}
};
void main()
{   incount ic1,ic2;
```

```
    ic1.retcount();
    ic2.retcount();
    ic1++;
    ic1.retcount();
    ic2=ic1++;
    ic2++.retcount();
}
```

7.4 给出下面程序段的运行结果。

```
class incount{
protected: int c1,c2;
public:
    incount(int vc1=0,int vc2=1000){c1=vc1;c2=vc2;}
    void retcount(void)
    {cout<<"c1="<<c1;cout<<"c2="<<c2<<endl;}
    incount operator++(){c1++;c2++;return incount(c1,c2);}
};
class dncount: public incount{
public:
    dncount(int vc1=0,int vc2=1000):incount(vc1,vc2){}
    incount operator--(){c1--;c2--;return incount(c1,c2);}
};
void main()
{   dncount dc1,dc2;
    dc1.retcount();
    dc2.retcount();
    dc1--;dc1.retcount();
    dc2++;dc2.retcount();
}
```

7.5 如果派生类 B 中已经重载了基类 A 的一个成员函数 fn1()，没有重载基类 A 的成员函数 fn2()，如何调用基类的成员函数 fn1()和 fn2()？

7.6 给出下面程序的运行结果。

```
const MAX=500;
class queue{
protected:
    int q[MAX];
    int rear,front;
public:
    queue()
    {   rear=0;front=0;
        cout<<"队列初始化\n";
    }
    void qinsert(int i)
```

```
        {   rear++;q[rear]=i;
            cout<<"rear="<<rear<<endl;
        }
        int qdelete()
        {   front++;
            cout<<"front="<<front<<endl;
            return q[front];
        }
};
class queue2: public queue{
public:
    void qinsert(int i)
    {   if(rear<MAX)queue::qinsert(i);
        else {cout<<"队列已满\n";return;}
    }
    int qdelete()
    {   if(front<rear)return queue::qdelete();
        else {cout<<"队列溢出\n";return 0;}
    }
};
void main()
{ queue2 a;
  a.qinsert(327);
  a.qinsert(256);
  a.qinsert(1598);
  a.qinsert(872);
  cout<<" 1: "<<a.qdelete()<<endl;
  cout<<" 2: "<<a.qdelete()<<endl;
  cout<<" 3: "<<a.qdelete()<<endl;
}
```

7.7 定义 B0 是虚基类，B1 和 B2 都继承 B0，D1 同时继承 B1 和 B2，它们都是公有派生，这些类都有同名的公有数据成员和公有函数，编制主程序，生成 D1 的对象，通过限定词::分别访问 D1、B0、B1、B2 的公有成员。

7.8 定义一个文件名类 Name，包含变量 name 表示文件名。由 Name 类派生一个表示文件的类 File，增加文件的页数 page 和文件的编号 number。

7.9 分析下面程序的运行结果。

```
class B1{
public:
    B1(int i){cout<<"constructing B1: "<<i<<endl;}
};
class B2{
public:
```

```
        B2(int i){cout<<"constructing B2: "<<i<<endl;}
};
class B3{
public:
        B3(){cout<<"constructing B3: $"<<endl;}
};
class C: public B1,public B2,public B3{
        B1 memberB1;
        B2 memberB2;
        B3 memberB3;
public :
        C(int a,int b,int c,int d):B2(b),memberB2(d),B1(a),memberB1(c){}
};
void main()
{
        C c1(1,2,3,4);
}
```

7.10 设计一个楼房基类 building,包含变量 floors 表示层数,areas 表示建筑面积,name 表示建筑名称。建立派生类 house 表示居住楼,增加变量 ds 表示单元数。再建立派生类 office 表示办公楼,增加变量 cs 表示公司数。

7.11 定义一个描述坐标位置的类 location,由它派生出具有显示和移动功能的点类 point,再从 point 类派生出圆类 circles,在 circles 类中将 location 类的数据成员作为圆的圆心,圆可以求出周长和面积。

# 第 8 章 静态成员和友元

C++是在C语言的基础之上发展而来的,作为一种面向对象的编程语言,它除了继承C语言的高效率执行的优秀特征之外,还具有许多新的特色,解决了一些依靠C语言难以实现的问题。静态成员和友元在C++中有特殊的重要作用。

8.1 静态成员

在编程的过程中,数据共享是一个经常要遇到的问题,常用的方法是设置全局变量,但这种方法有很大的局限性,而且破坏了封装性。为此,人们提出了静态成员的概念。静态成员作为类的一种数据成员可以实现多个对象之间的数据共享,并且使用静态数据成员还不会破坏信息隐藏的原则,保证了程序的安全性。

8.1.1 静态成员的定义

类有两种成员:一种是数据成员,另一种是成员函数。类的静态成员也有相应的两种类型:静态数据成员和静态成员函数。

将一个类的数据成员定义为静态的格式为:

<static><数据类型><静态数据成员名>

将一个类的成员函数定义为静态的格式为:

<static><函数类型><静态成员函数名><(参数表)>

【例 8.1】 定义静态数据成员。
程序如下:

```
class date{
        int year;
        static int month;           //定义静态数据成员 month
        static int day;             //定义静态数据成员 day
          ⋮
};
```

在类 date 中，year 为普通的数据成员，month 和 day 为静态数据成员。

【例 8.2】 定义静态成员函数。

程序如下：

```
class date{
      int year;
      static int month;           //定义静态数据成员 month
      static int day;             //定义静态数据成员 day
        ⋮
      void display();
      static int count();         //定义静态成员函数 count()
};
```

在类 date 中，display() 为普通的成员函数，count() 为静态成员函数。

静态成员和普通成员之间有哪些区别呢？

首先，来看一下全局变量与普通变量的区别，如果一个程序中有两个函数，那么这两个函数可以定义自己的变量，而且两个函数的变量是可以同名的。每个函数只可以操作自身的变量，互不干扰。但是，如果程序中定义了全局变量，则两个函数就都可以操作它。也就是说全局变量可以在程序的任何地方被任何函数更改。一个程序中不可能存在两个同名的全局变量，但是一个程序中可以存在多个同名的普通变量，这就是全局变量与普通变量的区别。

同样，静态成员和普通成员的区别也是类似的：如果一个类有两个对象，那么这两个对象有各自的成员变量，且这两个对象的成员变量是同名的。每个对象的成员函数只能操作自身的成员变量，互不干扰。静态成员是属于类的，只在类中存在，在对象中没有自己的副本，如果在类中定义了静态成员，则该类的每个对象就都可以操作它。也就是说，类的静态成员只有一个，可以被该类的任何对象访问。

8.1.2 静态成员的使用

静态成员的访问格式如下：

<类名>::<静态数据成员名>
<类名>::<静态成员函数名><(参数表)>

从这种表达式中可以看出，静态成员是属于整个类的，它们不属于类的某一个对象。

静态成员变量使用前必须初始化。静态成员变量的访问控制权限没有意义，静态成员变量均作为公有成员使用。

【例 8.3】 生成一个储蓄类 CK。用静态数据成员表示每个存款人的年利率 lixi。类的每个对象包含一个私有数据成员 cunkuan，表示当前存款额。提供一个 calLiXi() 成员函数，计算利息，用 cunkuan 乘以 lixi 除以 12 取得月息，不计复利，并将这个月息加进 cunkuan 中。提供设置存款额函数 set()。提供一个静态成员函数 modLiXi()，可以将利率 lixi 修改为新值。

实例化两个不同的 CK 对象 saver1 和 saver2，结余分别为 2000.0 和 3000.0。将 lixi 设置为 3％，计算一个月后和 3 个月后每个存款人的结余并打印新的结果。

首先定义储蓄类 CK，其包含了一个私有数据成员 cunkuan，数据类型为 double，一个静态数据成员年利率 lixi，数据类型也为 double；包含一个成员函数 calLiXi()和一个静态成员函数 modLiXi()，其中 modLiXi()应含有一个参数表示要更改的年利率的新值。

```
class CK    {
    double cunkuan;                          //当前存款额
public:
    static double lixi;                      //定义静态数据成员 lixi
    CK(double);
    static void modLiXi(double);             //定义静态成员函数 modLiXi()
    void calLiXi(int m=1);
    void set(double x){cunkuan=x;}           //设置存款额
};
//  编写 CK 类的成员函数,并初始化静态数据成员
void CK::calLiXi(int m)
{   double x=0.0;
    x=cunkuan * lixi /12;                    //计算月利息
    cunkuan+=x * m;                          //将利息加入到存款中
    cout<<cunkuan<<endl;
}
void CK::modLiXi(double x)                   //更改年利率
{   lixi=x;
}
CK::CK(double c)
{   //构造函数
    cunkuan=c;
}
//初始化静态变量,静态变量必须初始化
double CK::lixi=0;
//  实例化两个对象,更改年利率到 0.03,计算并显示存款人的实际存款
void main()
{   CK saver1(2000.0),saver2(3000.0);        //实例化两个对象
    CK::modLiXi(0.03);                       //将年利率设为 3%
    cout<<"年利率为 3% 时"<<endl;
    cout<<"一个月后甲的存款余额为：¥";
    saver1.calLiXi();
    cout<<"一个月后乙的存款余额为：¥";
    saver2.calLiXi();
    saver1.set(2000.0);
    saver2.set(3000.0);
    cout<<"三个月后甲的存款余额为：¥";
    saver1.calLiXi(3);
```

```
            cout<<"三个月后乙的存款余额为：¥";
            saver2.calLiXi(3);
}
```

运行结果为：

年利率为 3%时
一个月后甲的存款余额为：¥2005
一个月后乙的存款余额为：¥3007.5
三个月后甲的存款余额为：¥2015
三个月后乙的存款余额为：¥3022.5

8.2 友　　元

由于类具有封装和信息隐藏的特征,使得其数据成员不能够被其他的函数所访问,友元的提出就是为了解决如何让一个在类外部定义的函数访问类的私有成员的问题。友元不是该类的成员函数,只是一个在该类外部定义的其他函数,但是却可以访问该类的私有成员。

8.2.1 友元的定义

友元分为友元函数和友元类。
一个类的友元函数是定义在类外部的一个函数,它不是类的成员函数,但是却可以访问类的私有成员变量和私有成员函数,在类的内部要有它的声明,声明的格式为：

friend<函数类型><友元函数名>(<参数表>);

同样,也可将一个类定义为另一个类的友元。如果类 A 是类 B 的友元类,那么类 A 的所有成员函数都是类 B 的友元函数。类 A 要在类 B 中声明,声明的格式为：

friend class<友元类名>;

【例 8.4】 定义一个求和的友元函数。
程序如下：

```
class Integer{
        int n;
    public:
        Integer(int x=0){n=x;}
        friend int sum(Integer &a,Integer &b);          //声明友元函数 sum()
};
int sum(Integer &a,Integer &b)
{       return a.n+b.n;    }
```

```
void main()
{   Integer x(25),y(37);
    cout<<"sum(x,y)的结果为: "<<sum(x,y)<<endl;
}
```

运行结果为:

sum(x,y)的结果为: 62

函数 sum 被声明为类 Integer 的一个友元函数,但它的定义部分却要在类 Integer 的外部。类 Integer 是一个关于整数的类,函数 sum 是用来求两个整数的和。

类具有对信息隐藏的特性,也就是说只有类的成员函数才能访问该类的私有成员,一个类的私有成员不能被其他类的成员函数访问,也不能被程序中的普通函数访问。

有时候,不能将凡是访问类的私有成员的所有函数都作为该类的成员函数,为了解决这个问题,就要引入友元函数。对于某一个函数,也许它是一个普通函数,也许它是类 A 的一个成员函数,总之,如果它不是类 A 的成员函数,它就无权访问类 A 的私有成员。但是如果它被声明为类 A 的一个友元函数,它就可以访问类 A 的私有成员了。在例 8.4 中,函数 sum()虽然不是类 Integer 的一个成员函数,但由于它被声明为类 Integer 的友元函数,它就能够访问类 Integer 的私有成员。

【例 8.5】 定义友元类。

程序如下:

```
class Integer{
        int n;
    public:
        Integer(int x=0){n=x;}
        friend class Operation;                    //声明友元类
};
class Operation{
    public:                                        //实现加、减、乘、除操作
        int sum(Integer &x,Integer &y){return(x.n+y.n);}
        int difference(Integer &x,Integer &y){return(x.n-y.n);}
        int product(Integer &x,Integer &y){return(x.n * y.n);}
        int ratio(Integer &x,Integer &y){return(x.n/y.n);}
 };
void main()
{   Integer x(38),y(12);
    Operation z;
    cout<<"sum(x,y)的结果为: "<<z.sum(x,y)<<endl;
    cout<<"difference(x,y)的结果为: "<<z.difference(x,y)<<endl;
    cout<<"product(x,y)的结果为: "<<z.product(x,y)<<endl;
    cout<<"ratio(x,y)的结果为: "<<z.ratio(x,y)<<endl;
}
```

运行结果为:

```
sum(x,y)的结果为：50
difference(x,y)的结果为：26
product(x,y)的结果为：456
ratio(x,y)的结果为：3
```

类 Operation 被定义为类 Integer 的一个友元函数。其中，类 Integer 是一个关于整数的类，类 Operation 是一个关于各种运算的类。类 Operation 作为类 Integer 的一个友元类，其所有的成员函数都将是类 Integer 的友元函数。也就是说类 Operation 的所有成员函数都有权访问类 Integer 的私有成员。

8.2.2 友元的使用

对友元函数的使用，和普通函数的使用方法一样，不需要在友元函数前面加上特殊标志。但如果该友元函数是一个类的成员函数，则使用时还是要在友元函数前面加上自己的类名。

【例 8.6】 生成一个 Trigon 类表示三角形，三边的长度作为其 3 个数据成员。编写一个求 3 个数之和的函数 sum()，并将它声明为 Trigon 的一个友元函数。实例化一个对象 tri1，三边分别为 3、4、5。利用 sum()求出该三角形的周长。

定义 Trigon 类，包含 3 个数据成员 a、b 和 c 分别表示三角形三边的长度，数据类型为 float，并将函数 sum()声明为其友元函数。

```
class Trigon
{   float a,b,c;
public:
    Trigon(float x,float y,float z)
    {       a=x;
            b=y;
            c=z;
    }
    friend float sum(Trigon& tri);            //声明友元函数
};
//编写函数 sum(),
 float sum(Trigon& tri)
 {
    return tri.a+tri.b+tri.c;
 }
//实例化一个三角形对象,其三边长度为 3,4 和 5,利用函数 sum()求其周长
void main()
{
    Trigon tri1(3,4,5);
    cout<<"边长为 3、4、5 的三角形的周长为："<<sum(tri1)<<endl;
}
```

运行结果为：

边长为 3、4、5 的三角形的周长为：12

【例 8.7】 生成一个求和类 S，编写一个求 3 个数之和的函数 sum()，一个求 3 个数的平均值的函数 average()，和一个求 3 个数中最大值的函数 max() 作为其成员函数。将 S 类声明为 Trigon 类的友元类。实例化 Trigon 类的一个对象 tri2，其三边长为 4、5、6。利用 S 类的成员函数求出这个三角形的周长，三边平均值和最大边长。

定义 S 类，包含 3 个成员函数 sum()、average() 和 max() 分别用来求 3 个数之和、3 个数的平均值以及 3 个数中的最大值；定义 Trigon 类，包含 3 个数据成员 a、b 和 c 分别表示三角形三边的长度，数据类型为 float，并将 S 类声明为其友元类。C++ 语言的类型，必须先定义后使用，类 S 的函数要用 Trigon 类型作为参数，所以要先定义 Trigon 类，后定义 S 类。

```cpp
class Trigon  {
    float a,b,c;
public:
    Trigon(float x,float y,float z)
    {      a=x;
           b=y;
           c=z;
    }
    friend class S;              //将类 S 声明为其友元类
};
class S {                        //类 S 中要用到 Trigon 类型，所以要先定义 Trigon 类
public:
    float max(Trigon &);
    float average(Trigon &);
    float sum(Trigon &);
};
//编写类 S 的成员函数
float S::sum(Trigon &tri)
{
    return tri.a+tri.b+tri.c;
}
float S::average(Trigon &tri)
{
    return(tri.a+tri.b+tri.c)/3;
}
float S::max(Trigon &tri)
{
    float   x=tri.a;
    if(tri.b>x)   x=tri.b;
    if(tri.c>x)   x=tri.c;
```

```
        return  x;
}
```

实例化一个 Trigon 的对象,三角形的三边长度为 4、5 和 6,并利用其友元类的成员函数求该三角形的周长、边长的平均值以及最长边。

```
void main()
{   Trigon tri2(4,5,6);
    S t1;
    cout<<"边长为 4,5,6 的三角形的周长为: "<<t1.sum(tri2)<<endl;
    cout<<"边长为 4,5,6 的三角形的平均边长为: "<<t1.average(tri2)<<endl;
    cout<<"边长为 4,5,6 的三角形的最长边为: "<<t1.max(tri2)<<endl;
}
```

运行结果为:

边长为 4,5,6 的三角形的周长为:15
边长为 4,5,6 的三角形的平均边长为: 5
边长为 4,5,6 的三角形的最长边为: 6

友元的提出方便了程序的编写,但是却破坏了数据的封装和隐藏,它使本来隐藏的信息显现了出来。为了提高程序的可维护性应该尽量减少友元的使用,当不得不使用时,要尽量调用类的成员函数,而不是直接对类的数据成员进行操作。

8.3　运算符重载

在设计一个新的类时,其实是将一个新的数据类型引入到了 C++ 中,对于新的数据类型的操作需要重新定义,而不能直接应用一些系统预先定义好的操作符。

【例 8.8】　定义复数类。
程序如下:

```
class Complex{
    float a,                        //复数的实部
    float b;                        //复数的虚部
  public:
    Complex(float x=0,float y=0)
    {
        a=x;
        b=y;
    }
};
Complex one,two;
```

对于上述的复数类的两个对象 one 和 two,不能直接用"one+two"来表示两个复数

的相加。但为了符合人们的习惯,有时希望对于新的数据类型仍然使用已有的一些运算符进行操作,如果希望用"+"来表示两个复数的加法,这就需要对运算符"+"进行重载。

操作符是系统预先定义好的一些函数名称,所以,可以把运算符重载看做是函数重载的一种特殊形式,对于运算符的重载和函数的重载是类似的,都是使同一个名称具有多重含义,它体现了面向对象的程序设计的多态性。

只有类的成员函数和类的友元函数才能够访问类的私有数据成员,因此只有将运算符重载为类的成员函数或是类的友元函数时,才能使被重载的运算符起到操作新的数据类型的目的。

8.3.1 运算符重载规则

在对运算符进行重载时要遵循以下一些规则。

(1) 被重载的运算符一定不能是下面这些运算符中的一个:
- .类成员运算符;
- *指针运算符;
- ::类作用域运算符;
- ?:条件运算符。

除此之外,C++的其他运算符都可以重载。

(2) 运算符被重载后,不能改变优先级和结合性,也不能改变语法结构,即不能将单目运算符重载为双目运算符。

(3) 被重载的运算符必须是系统预先已经定义好的运算符,即不能自己定义新的运算符。

(4) 被重载的运算符虽然可以用来做任何事情,但是最好还是应使其新的功能与系统预先定义的功能相似,以便使人容易理解。

8.3.2 重载为成员函数

下面以一个时钟类的例子来说明被重载为成员函数的运算符。

【例8.9】 定义时钟类。
程序如下:

```
class Clock{
        int h;                  //小时
        int m;                  //分钟
        int s;                  //秒
    public:
        Clock(int x,int y,int z)
        {   h=x;
            m=y;
            s=z;
```

    }
};

下面为 Clock 类增加一些成员函数，首先，增加一个显示时间的函数 display()；然后，再增加一个表示两个 Clock 对象相加的函数，人们习惯上用符号"＋"来表示两个对象的相加，因此重载运算符"＋"为 Clock 类的成员函数。

将运算符重载为类的成员函数的格式为：

<类名>::**operator**<运算符><**(参数表)**>;

```
class clock
{           int h;                           //小时
            int m;                           //分钟
            int s;                           //秒
        public:
            clock operator+ (clock &);       //重载运算符"+"
            void display();
            clock(int,int,int);
            clock(clock &);
};
clock::clock(int x,int y,int z)
{       h=x;
        m=y;
        s=z;
}
clock::clock(clock &c)
{       h=c.h;
        m=c.m;
        s=c.s;
}
void clock::display()
{       cout<<h<<": "<<m<<": "<<s;
}
clock clock::operator+ (clock &c)
{       clock clk= * this;
        int cs=0,cm=0;
        clk.s+=c.s;                     //秒相加
        cs=clk.s/60;                    //秒相加后大于 60,就取模 60
        clk.s%=60;                      //秒相加后的进位
        clk.m+=cs+c.m;                  //分相加
        cm=clk.m/60;                    //分相加后大于 60,就取模 60
        clk.m%=60;                      //分相加后的进位
        clk.h+=cm+c.h;                  //时相加
        clk.h%=24;                      //时相加后取模 24
        return clk;
}
```

实例化两个时钟对象,利用重载的运算符"+"对其进行运算。

```
void main()
{   clock one(12,12,12),two(12,40,55);
    clock three=one+two;
    one.display();
    cout<<"+";
    two.display();
    cout<<"=";
    three.display();
}
```

运行结果为:

12:12:12+12:40:55=0:53:7

类的所有非静态成员函数都隐含有表示自己的 this 指针(而类的友元函数则没有),因此被重载的运算符,作为类的成员函数也隐含了一个 this 指针,这样一来,对于单目运算符可以不写参数,而双目运算符可以只写一个参数,另一个参数就是自己 this,也就是说双目运算符的左操作数是 this 对象。

8.3.3 重载为友元函数

由于被重载为类成员函数的运算符隐含 this 指针,而被重载为类的友元函数的运算符没有隐含 this 指针,因此用成员函数方式重载的运算符可以比用友元函数方式重载的运算符少输入一个参数,这就使得前一种方法的效率高于后者,但是后一种方法也有它自身的优点,那就是它允许被重载的运算符的左操作数为一个常数,而前一种方法是办不到的。

将运算符重载为类的友元函数的格式为:

friend<函数返回类型>operator<运算符><(参数表)>;

下面重新来为 Clock 类增加一个函数,表示在已有的时间上增加若干小时,重载"+"运算符为 Clock 类的友元函数。

【例 8.10】 定义时钟类,重载友元函数。
程序如下:

```
class clock  {
    int s;
    int m;
    int h;
public:
    void display();
    clock(clock &);
    clock(int,int,int);
```

```
        friend clock operator+ (int,clock&);   //将"+"重载为友元函数,第2个参数是clock
        friend clock operator+ (clock&,int);   //将"+"重载为友元函数,第1个参数是clock
};
clock::clock(clock &c)
{       h=c.h;
        m=c.m;
        s=c.s;
}
clock::clock(int x,int y,int z)
{       h=x;
        m=y;
        s=z;
}
void clock::display()                          //显示时间
{       cout<<h<<": "<<m<<": "<<s<<endl;
}
clock operator+ (int x,clock& c)               //将时间推后x个小时,x作为第一个操作数
{       clock clk=c;
        clk.h+=x;
        clk.h%=24;
        if(clk.h<0)clk.h+=24;
        return clk;
}
clock operator+ ( clock& c,int x)              //将时间推后x个小时,x作为第二个操作数
{       clock clk=c;
        clk.h+=x;
        clk.h%=24;
        if(clk.h<0)clk.h+=24;
        return clk;
}
void main()
{       clock one(5,30,0);
        cout<<"现在的时间是: ";
        one.display();
        clock two=4+one;
        cout<<"4个小时以后将是: ";
        two.display();
        clock three=one+-8;
        cout<<"8个小时前是: ";
        three.display();
}
```

运行结果为:

现在的时间是: 5:30:0

4个小时以后将是：9:30:0
8个小时前是：21:30:0

比较"+"运算符前后两次被重载的情况，定义为成员函数：

clock operator+(clock c);

定义为友元函数：

friend clock operator+(int x,clock& clk);
friend clock operator+(clock& clk,int x);

使用成员函数：

three=one+two;

使用友元函数：

two=4+one;   或   two=one+4;

分析以上情况可知，被重载为类的成员函数的运算符其实是将其左操作数固定为成员函数的 this 指针，而被重载为类的友元函数的运算符的左操作数则根据定义，可以为常数或者其他类型的参数。

8.4 例题分析和小结

8.4.1 例题

【例 8.11】 生成一个储蓄类 CK。用 static 数据成员表示存款人总数 number 和所有人的总存款额 money。类的每个成员包含一个私有数据成员 cunkuan，表示当前存款额。提供 inMoney()和 outMoney()两个成员函数，分别表示存款和取款。提供静态成员函数 dispNumber()和 dispMoney()分别表示显示当前存款的人数和总的存款额。不允许有空户头存在，存款没有上限。

首先声明类 CK,包含一个私有的数据成员 cunkuan 表示当前的存款额，2 个静态数据成员 number、money 表示当前的存款人数、总的存款额；包含 2 个成员函数 inMoney()和 outMoney()分别用来表示存款和取款以及 2 个静态成员函数 dispNumber()和 dispMoney()用来显示存款人数和存款总额。

```
class CK {
    float cunkuan;
    static int number;                    //定义静态数据成员 number
    static float money;                   //定义静态数据成员 money
public:
    static void dispMoney();              //定义静态成员函数 dispMoney()
    static void dispNumber();             //定义静态成员函数 dispNumber()
```

```
        CK(float blc);
        void outMoney(float outm);
        void inMoney(float inm);
        ~CK();
};
```

定义 CK 类的 4 个成员函数,并初始化静态数据成员。

```
CK::CK(float blc)                                    //构造函数
{   cout<<"开户!存入 ¥"<<blc<<endl;
    cunkuan=blc;
    number++;
    money+=blc;
}
CK::~CK()                                            //析构函数
{   cout<<"销户!"<<endl;
    money-=cunkuan;
    number--;
}
void CK::inMoney(float inm)
{   //存款
    cout<<"存入 ¥"<<inm<<endl;
    cunkuan+=inm;
    money+=inm;
}
void CK::outMoney(float outm)
{   //取款
    if(outm>cunkuan){                                //不允许取出比存款额大的数目
        cout<<"对不起!你的存款只有 ¥"<<cunkuan<<"。"<<endl;
        return;
    }
    cunkuan-=outm;
    money-=outm;
    cout<<"取出 ¥"<<outm<<endl;
}
void CK::dispNumber()
{
    cout<<"当前共有存款人"<<number<<"个。"<<endl;
}
void CK::dispMoney()
{
    cout<<"当前共有存款 ¥"<<money<<"。"<<endl;
}
//初始化静态变量
int CK::number=0;
```

```
float CK::money=0;
```

实例化对象 saver1、saver2 和 saver3,依次进行如下操作:saver1 存入￥500,saver2 取出￥3000,saver3 取出￥200,saver1 存入￥2000,显示所有储户的个数和总的存款额。

```
void main()
{   CK saver1(5000.0),saver2(8000.0),saver3(200.0);
    CK::dispNumber();
    CK::dispMoney();
    saver1.inMoney(500);
    saver2.outMoney(3000);
    saver3.outMoney(200);
    saver1.inMoney(2000);
    CK::dispNumber();
    CK::dispMoney();
}
```

运行结果为:

开户!存入￥5000
开户!存入￥8000
开户!存入￥200
当前共有存款人 3 个。
当前共有存款￥13200。
存入￥500
取出￥3000
取出￥200
存入￥2000
当前共有存款人 3 个。
当前共有存款￥12500。
销户!
销户!
销户!

【例 8.12】 生成时间类 Time。类的每个成员包含私有数据成员 h、m、s,分别表示当前时刻的小时、分钟和秒。提供成员函数 dispTime(),显示当前时刻,重载"++"、"--"为 Time 类的成员函数,分别表示将当前时刻推后和提前一个小时。时间的表示采用 24 小时制。

首先声明类 Time,包含 3 个私有的数据成员 h、m 和 s 分别表示当前时刻的小时、分钟和秒,包含一个成员函数 dispTime()用来显示时间并重载运算符"++"和"--"。

```
class Time
{
public:
    void dispTime();
    Time operator++();                      //重载运算符"++"
```

```cpp
    Time operator--();              //重载运算符"--"
    Time(int x,int y,int z);
private:
    int h,m,s;
};
```

编写类的成员函数。

```cpp
Time::Time(int x,int y,int z)
{   h=x;
    m=y;
    s=z;
}
void Time::dispTime()
{   //显示当前时间
    cout<<h<<": "<<m<<": "<<s<<endl;
}
Time Time::operator++()
{   //重载运算符"++"
    h++;
    h%=24;
    return *this;
}
Time Time::operator--()
{   //重载运算符"--"
    h--;
    if(h==-1)h=23;
    return *this;
}
```

实例化类 Time 的一个对象，调用 dispTime()显示当前时间，以及一个小时前的时间和一个小时后的时间。

```cpp
void main()
{   Time tm1(4,30,0),tm2(10,20,0);
    cout<<"当前的时间是: ";
    tm1.dispTime();
    ++tm1;
    cout<<"一个小时后是: ";
    tm1.dispTime();
    cout<<"当前的时间是: ";
    tm2.dispTime();
    --tm2;
    --tm2;
    cout<<"二个小时前是: ";
    tm2.dispTime();
}
```

运行结果为：

当前的时间是：4:30:0
一个小时后是：5:30:0
当前的时间是：10:20:0
二个小时前是：8:20:0

8.4.2 解题分析

例 8.11 中需要注意的是对于 static 数据成员的操作，在这里不仅 static 成员函数可以操作 static 数据成员，而且构造函数和析构函数以及成员函数 inMoney 和 outMoney 也需要对 static 成员函数进行操作。

开户时，就需要将总的存款人数加 1，同时将其存款加入到总的存款额 money 中；销户时，减去该户的存款余额，将总的存款人数减 1。

存款时，inMoney 也需要将存入的钱加入到总的存款额 money 中去；取款时，考虑到所取钱数不能大于存款额以及可能出现空户头，所以在取之前要先进行判断，如果所取钱数大于存款额则不予执行。如果取款的操作被执行，除了减少每个存款人的存款之外，还要将总的存款额减去相应的值。

例 8.12 中重载"++"和"－－"时，它们都是对对象本身进行操作，不需要其他参数，++tm1 和－－tm2 都是对象自己的时针加 1 或减 1。

考虑到时间的表示是 24 小时制，所以要注意边界的情况，即 23 点的后一个小时是 0点，0 点的前一个小时是 23 点。

8.4.3 小结

类的静态成员有两种类型：静态数据成员和静态成员函数。类的所有实例化的对象均可以访问类的静态数据成员，但它们都不保存类的静态数据成员；类的静态成员由于不含有 this 指针，因此访问类的静态成员要使用类名和类标识符"::"。

友元是 C++ 提供的一种破坏数据封装和数据隐藏的机制，可以将一个函数定义为类的友元函数，也可以将一个类定义为类的友元类，以便使它们可以访问类的私有成员。

对新的数据类型仍然使用已有的一些运算符进行操作，可以将运算符重载为类的成员函数或者是友元函数。

实训 8 个人所得税计算和运算符重载

1. 实训题目 1

生成一个 GZ 类表示工资。用静态数据成员表示个人所得税占工资的比率。类的每个成员包含一个私有数据成员 money,表示当月工资。提供一个 calSDS()成员函数,计算个人应交所得税,并从 money 中扣除。个人所得税占工资的比率由表 8.1 确定。

表 8.1 月工资个人所得税比率

级数	全月应纳税所得额(月收入额减除 800 元后余额)	税率(%)
1	不超过 500 元的	5
2	超过 500 元至 2000 元的部分	10
3	超过 2000 元至 5000 元的部分	15
4	超过 5000 元至 20 000 元的部分	20
5	超过 20 000 元至 40 000 元的部分	25
6	超过 40 000 元至 60 000 元的部分	30
7	超过 60 000 元至 80 000 元的部分	35
8	超过 80 000 元至 100 000 元的部分	40
9	超过 100 000 元的部分	45

实例化 3 个不同的 GZ 对象 people1、people2 和 people3,工资分别为 1200.0、5600.0 和 480 000。分别计算 3 人实际应发的工资数并打印结果。

2. 实训 1 要求

(1) 用静态数据成员表示个人所得税占工资的比率。
(2) 编写计算个人应交所得税成员函数 calSDS()。
(3) 生成 GZ 类的 3 个对象。
(4) 对 3 个对象分别计算实际应发的工资数。
(5) 显示程序结果。

3. 实训题目 2

生成一个表示复数的类 FS。复数的实部 sb 和虚部 xb 作为其数据成员。提供成员函数 disp()显示复数,重载"+","-"," * ","/"为 FS 类的成员函数,用来计算两个复数的和、差、积、商。

利用重载的运算符计算下列各式:

(8+3i)+(7-4i);
(9+3i)-(4+2i);
(4+6i) * (2+3i);
(7+4i)/(2+1i)。

4. 实训 2 要求

(1) 重载运算符"+"。
(2) 重载运算符"-"。
(3) 重载运算符" * "。
(4) 重载运算符"/"。

(5) 实例化 FS 类的 8 个对象,并利用重载的运算符对其进行计算。

习 题 8

8.1 简述静态数据成员和普通数据成员的区别。

8.2 写出静态成员的定义格式。

8.3 定义一个 GZ 类,类包含一个私有数据成员 money 表示工资,一个静态数据成员 sds 表示个人所得税占工资的比率,一个静态成员函数 modSDS 更改 sds。

8.4 生成一个 GZ 类表示工资。用静态数据成员包含每个职工的 sds(个人所得税占工资的比率)。类的每个成员包含一个私有数据成员 money,表示当月工资。提供一个 calSDS 成员函数,计算个人应交所得税,并从 money 中扣除。提供一个 static 成员函数 modSDS,将 sds 设置为新值。

实例化两个不同的 GZ 对象 people1 和 people2,工资分别为 1200.0 和 1500.0。将 sds 设置为 1%,计算两人实际应发的工资数并打印新的结果。然后将 sds 设置为 2%,再次计算两人实际应发的工资数并打印新的结果。

8.5 简述类的友元函数与成员函数的区别,并写出友元函数的声明格式。

8.6 生成一个 JX 类表示矩形,矩形的长和宽作为其两个数据成员。编写一个求矩形面积的函数 area(),并将它声明为 JX 的一个友元函数。实例化一个对象 jx1,长和宽分别为 3 和 4。利用 area()求出该矩形的面积。

8.7 什么是友元类?友元类的声明格式是什么?

8.8 生成一个名为 TO 的类,编写一个求两数之积的函数 ji(),一个求两数平均值的函数 junzhi()。将 TO 类声明为矩形类 JX 的友元类。实例化 JX 类的一个对象 jx2,其长和宽为 4,6。利用 TO 类的成员函数求出这个矩形的面积,长和宽的平均值。

8.9 运算符重载有哪些规则?

8.10 生成一个表示复数的类 FS。复数的实部 a 和虚部 b 作为其数据成员。提供成员函数 disp()显示复数,重载"+","-"为 FS 类的成员函数,用来计算两个复数的和与差。

8.11 生成时间类 Time,类的每个成员包含 private 数据成员 h、m、s,分别表示当前时刻的小时、分钟和秒,重载"++","--"为 Time 类的成员函数,分别表示将当前时刻推后和提前一个小时。时间的表示采用 24 小时制;生成日期类 Date,类的每个成员包含 private 数据成员 ye、mo、da,分别表示年、月和日;定义 disp()为类 Time 和类 Date 的友元函数,用来显示日期和时间。

第9章 多态和虚函数

多态性可以简单地概括为"一个接口,多个方法"。在 C++ 中,静态多态性一般由函数重载实现,动态多态性通过虚函数机制来实现。

9.1 虚函数

虚函数是动态联编的基础。虚函数是成员函数,而且是非静态的成员函数。如果某类中的一个成员函数被说明为虚函数,这就意味着该成员函数在派生类中可能有不同的实现。

9.1.1 虚函数的定义

在引入虚函数的概念之前,先回顾一下 switch 语句,switch 语句可以根据每一种对象的类型选择对该对象进行相应的操作,假设要求一个图形的面积,对于不同的图形有不同的求面积的方法,利用 switch 语句可以这样来实现:

```
switch(图形){
    点:      面积=0; break;
    圆形:    面积=π×半径×半径;break;
    正方形:  面积=边长×边长;break;
    三角形:  面积=底×高÷2;break;
}
```

switch 语句的缺点在于每增加一个图像类型的时候,就要修改上述的程序,这样做很费时而且容易出错。

虚函数的引入就是为了解决上述问题。虚函数是和派生类联系在一起的,它有多态性,即派生的类有共同的函数,这些共同的函数有着相同的函数名称和相同的参数,但是却有着各自不同的具体的实现部分。多态是面向对象程序设计和面向过程程序设计的主要区别之一,多态就是同一个处理名称可以用来处理多种不同的情况。

虚函数的定义方法如下:

virtual<函数返回类型><虚函数名称>(<参数列表>)

定义虚函数要遵循以下规定：
(1) 类的静态成员函数不可以定义为虚函数。
(2) 类的构造函数不可以定义为虚函数。
(3) 非类的函数不可以定义为虚函数。
下面通过一个例子来说明虚函数的使用方法。

【例 9.1】 生成 Point 类，类的每个成员包含两个数据成员 Px 和 Py，分别表示点的横坐标和纵坐标，提供成员函数 area()求点的面积(为 0)，将 area 定义为虚函数；由 Point 类派生 Circle 类，类 Circle 增加 1 个数据成员 r，表示圆的半径，提供成员函数 area()求圆的面积。

首先，定义 Point 类，包含两个数据成员 Px 和 Py，表示点的横、纵坐标，数据类型为 int；包含成员函数 area()表示求点的面积，且将其定义为虚函数。

```
class Point   {
protected:
    int Py;
    int Px;
public:
    Point(int x=0,int y=0);
    virtual double area();
};
```

定义 Circle 类，包含 1 个数据成员 r，表示圆的半径，数据类型为 int；包含成员函数 area()表示求圆的面积，类 Circle 继承类 Point。

```
class Circle : public Point   {
    int r;
public:
    Circle(int x=0,int y=0,int z=1);
    double area();
};
```

定义 Point 类和 Circle 类的成员函数。

```
double Point::area()
{   cout<<"点的面积为 0。"<<endl;
    return 0;
}
Point::Point(int x,int y)
{   Px=x;
    Py=y;
}
double Circle::area()
{   double s=3.1415 * r * r;
    cout<<"圆的面积为："<<s<<"。"<<endl;
```

```
        return s;
    }
    Circle::Circle(int x,int y,int z):Point(x,y)
    {
        r=z;
    }
```

实例化一个 Point 类的对象和一个 Circle 类的对象,先各自调用各自的 area()函数,然后将 Circle 类对象的指针赋给一个指向 Point 类的指针,再次调用 area()函数,比较结果。

```
    void main()
    {   Point p(10,10);
        p.area();
        Circle c(5,5,6);
        c.area();
        cout<<"-------------"<<endl;
        Point * pp;
        pp=&c;
        pp->area();
    }
```

运行结果为:

点的面积为 0。
圆的面积为:113.094。

圆的面积为:113.094。

在本例中,尽管 pp 是指向 Point 的指针,但是 pp->area()执行的却是 Circle.area(),而不是 Point.area()。这说明虚函数的执行是动态联编的,即在程序运行时进行关联或束定。动态联编只能通过指针或引用标识对象来操作虚函数。

如果派生的类中没有对基类中的虚函数进行重新定义,则它继承基类中的虚函数。

【例 9.2】 生成 Person 类,提供一个成员函数 work()表示工作;生成 Doctor 类表示医生,提供成员函数 work()表示工作;生成 Teacher 类表示老师,提供成员函数 work()表示工作;生成 Peasant 类表示农民,不设成员函数 work();类 Doctor、Teacher 和 Peasant 均继承 Person 类。

首先定义 Person 类、Doctor 类、Teacher 类和 Peasant 类,使 Person 类为基类,其余类都继承它。

```
    class Person
    {
    public:
        virtual void work();
        Person(){cout<<"执行 Person 类。"<<endl;}
```

```cpp
};
class Doctor : public Person
{
public:
    void work();
    Doctor(){cout<<"执行 Doctor 类。"<<endl;}
};
class Teacher : public Person
{
public:
    void work();
    Teacher(){cout<<"执行 Teacher 类。"<<endl;}
};
class Peasant : public Person
{
public:
    Peasant(){cout<<"执行 Peasant 类。"<<endl;}
};
//分别实现各个类的成员函数 work()
void Person::work()
{cout<<"人人都要工作。"<<endl;}
void Doctor::work()
{
    cout<<"医生的工作是给病人看病。"<<endl;
}
void Teacher::work()
{
    cout<<"教师的工作是给学生上课。"<<endl;
}
```

分别实例化各个类，观察它们调用成员函数 work()后的执行结果。

```cpp
void main()
{   Doctor x1;
    Teacher x2;
    Peasant x3;
    Person * p;
    p=&x1;
    p->work();              //执行 Doctor 中的 work()
    p=&x2;
    p->work();              //执行 Teacher 中的 work()
    p=&x3;
    p->work();              //执行 Person 中的 work()，Peasant 类没有定义 work()
}
```

运行结果为:

执行 Person 类。
执行 Doctor 类。
执行 Person 类。
执行 Teacher 类。
执行 Person 类。
执行 Peasant 类。
医生的工作是给病人看病。
教师的工作是给学生上课。
人人都要工作。

在本例中,Doctor 类和 Teacher 类均重写了成员函数 work(),而 Peasant 类却没有,因此 Doctor 类和 Teacher 类的对象 x1 和 x2 执行的是各自重写的成员函数 work(),Peasant 类的对象 x3 执行的却是基类 Person 的成员函数 work()。

9.1.2 纯虚函数

纯虚函数只有函数的声明,但是并没有具体实现函数的功能。纯虚函数没有函数体,具体功能要在派生类中实现。纯虚函数的声明格式为:

virtual<函数类型><虚函数名称>(<参数列表>)=0;

纯虚函数不可以被直接调用,也不可以被继承。

【例 9.3】 定义类 S 表示抽象的数,包含一个纯虚函数 size() 表示数的大小;定义类 FS 表示复数,定义 SS 表示实数,类 FS 和类 SS 均继承类 S,且重写成员函数 size()。

首先定义类 S,并将成员函数 size() 定义为纯虚函数。程序如下:

```
class S {
public:
    virtual void size()=0;
};
```

定义类 SS 和类 FS,使它们继承类 S,且重写成员函数 size()。

```
class SS : public S {
    double x;
public:
    void size();                    //必须实现基类的纯虚函数 size()
    SS(double n);
};
class FS : public S {
    double b;
    double a;
public:
    void size();                    //必须实现基类的纯虚函数 size()
```

```
    FS(double m,double n);
};
```

实现类 SS 和 FS 的成员函数 size()。

```
SS::SS(double n)
{
    x=n;
}
void SS::size()
{                                           //实数求绝对值
    cout<<"该数的大小为："<<abs(x)<<endl;
}
FS::FS(double m,double n)
{   a=m;
    b=n;
}
void FS::size()
{                                           //复数求模，就是实部的平方加虚部的平方再开方
    cout<<"该数的大小为："<<sqrt(a*a+b*b)<<endl;
}
```

实例化一个类 SS 的对象和一个类 FS 的对象，分别执行成员函数 size()。

```
void main()
{   SS ss(-6.4);
    FS fs(3.0,4.0);
    ss.size();
    fs.size();
}
```

运行结果为：

该数的大小为：6.4
该数的大小为：5

9.2 抽 象 类

含有纯虚函数的类是抽象类。抽象类不能产生对象。

9.1 节的例子中，Circle 类继承 Point 类，其实只是想继承 Point 类中的成员函数 area，但是事实上，如果 Point 类中含有其他的成员函数时也会被 Circle 类所继承，当 Point 类中包含的操作越来越多的时候，Circle 类就继承了越来越多的操作，派生类继承基类的所有操作，即使有一些操作对于 Circle 类没有用处。人们当然希望派生类从基类那里继承来的操作都是有用的，当一个基类被很多子类继承的时候，常常只让基类中保持派生子类的一些公有部分，一般来说，就是将基类中的成员函数定义为纯虚函数，在基类

中只给出函数的声明,而函数的具体实现则放在派生的子类中,这个基类就是抽象类。

抽象类是一种特殊的类,只能作为基类来使用,其纯虚函数的实现由派生类给出。抽象类不可以实例化对象,不可以作为函数的返回类型和函数的参数类型,如果一个派生类继承了抽象类,但是却没有重新定义抽象类中的纯虚函数,则该派生类仍然是抽象类。只有当派生类将基类中的所有的纯虚函数都实现的时候,它才不再是抽象类。

【例 9.4】 设计图形类 Figure,提供成员函数 area()求图形的面积,将 area()定义为纯虚函数;生成矩形类 Rect,类的每个成员包含两个数据成员 Px 和 Py,分别表示矩形的长和宽,提供成员函数 area()求矩形的面积;生成 Circle 类,类的每个成员函数包含 3 个数据成员 Cx、Cy 和 r,分别表示圆的圆心的横坐标和纵坐标以及圆的半径,提供成员函数 area()求圆的面积;Circle 类和 Rect 类都继承自 Figure 类。

定义 Figure 类,包含一个纯虚函数 area()表示求图形的面积。

```
class Figure
{
  public:
    virtual double area()=0;
};
```

定义 Rect 类,包含两个数据成员 Px 和 Py,表示矩形的长和宽,数据类型为 float;包含成员函数 area()表示求点的面积,类 Rect 继承类 Figure。

```
class Rect : public Figure
{   float Px;
    float Py;
  public:
    Rect(float x=0,float y=0);
    double area();
};
```

定义 Circle 类,包含三个数据成员 Cx、Cy 和 r,分别表示圆心的横、纵坐标和半径,数据类型为 float;包含成员函数 area()表示求圆的面积,类 Circle 继承类 Figure。

```
class Circle : public Figure
{   float Cx,Cy,r;
  public:
    Circle(float x=0,float y=0,float z=1);
    double area();
};
```

定义 Rect 类和 Circle 类的成员函数。

```
double Rect::area()
{   double s=Px * Py;
    cout<<"矩形的面积为: "<<s<<"。"<<endl;
    return s;
}
Rect::Rect(float x,float y)
```

```
{   Px=x;
    Py=y;
}
double Circle::area()
{   double s=3.1415*r*r;
    cout<<"圆的面积为："<<s<<"。"<<endl;
    return s;
}
Circle::Circle(float x,float y,float z)
{   Cx=x;
    Cy=y;
    r =z;
}
```

实例化一个 Rect 类的对象和一个 Circle 类的对象，先各自调用各自的 area() 函数，然后将 Rect 类和 Circle 类对象的指针分别赋给一个指向 Figure 类的指针，再次调用 area() 函数，比较结果。

```
void main()
{   Rect p(5,7);
    p.area();
    Circle c(4,4,6);
    c.area();
    cout<<"-------------"<<endl;
    Figure * f;
    f=&p;
    f->area();
    f=&c;
    f->area();
}
```

运行结果为：

矩形的面积为：35。
圆的面积为：113.094。

矩形的面积为：35。
圆的面积为：113.094。

由此可知，实现了抽象类的指针 f 用相同的语句调用不同派生类的成员函数。

9.3 多　　态

从广义上说，多态性是指一段程序能够处理多种类型对象的能力。在 C++ 语言中，这种多态性可以通过强制多态、重载多态、类型参数化多态、包含多态等多种形式来实现。

多态的使用,避免了为各种不同的数据类型编写不同的函数或类,减轻了设计者负担,提高了程序设计的灵活性。

9.3.1 多态的概念

多态就是通过类的继承,使得同一个函数可以根据调用它的对象的类型不同作出不同的响应。它与继承和重载共同构成了面向对象的三大编程特性。

多态是通过虚函数来实现的,虚函数的使用本质就是将派生类类型的指针赋给基类类型的指针,虚函数被调用时会动态的判断调用对象的类型,从而给出相应的响应。

在例 9.4 中,Rect 类型的对象和 Circle 类型的对象分别赋给了 Figure 类型的指针 f,但是前后两句 f—>area() 的执行结果却不一样,对于前者执行的是 Rect::area(),而后者执行的却是 Circle::area()。

9.3.2 多态的应用

下面通过一个例子来说明关于多态的应用。

【例 9.5】 设计车辆类 Vehicle,提供成员函数 drive 表示开车,定义 drive 为纯虚函数;派生轿车 Car 类,提供成员函数 drive 表示开轿车;派生卡车 Truck 类,提供成员函数 drive 表示开卡车;Car 类和 Truck 类都继承 Vehicle 类。Vehicle 类提供一个纯虚函数 driver 表示开车。

定义 Vehicle 类,成员函数 drive() 为纯虚函数。

```
class Vehicle
{
  public:
    virtual void drive()=0;
};
```

定义 Car 类和 Truck 类,均继承 Vehicle 类,包含成员函数 drive()。

```
class Car : public Vehicle
{
  public:
    void drive();
};
class Truck : public Vehicle
{
  public:
    void drive();
};
```

编写函数类 Car 和类 Truck 的成员函数和函数 driver()。

```
void Car::drive()
{    cout<<"启动轿车!"<<endl;
}
void Truck::drive()
{    cout<<"启动卡车!"<<endl;
}
void driver(Vehicle * v)
{
    v->drive();
}
```

实例化一个 Car 类的对象和一个 Truck 类的对象,现各自调用各自的 drive()函数,然后将 Car 类和 Truck 类对象的指针分别赋给一个指向 Vehicle 类的指针,再次调用 driver()函数,比较结果。

```
void main()
{    Car c;
     c.drive();
     Truck t;
     t.drive();
     cout<<"--------------------"<<endl;
     Vehicle * v1;
     v1=&c;
     driver(v1);
     v1=&t;
     driver(v1);
}
```

运行结果为:

启动轿车!
启动卡车!

启动轿车!
启动卡车!

观察函数 dirver,就会发现它并没有对传递来的参数进行判断,而是直接调用成员函数 drive(),至于是哪个类的成员函数,则是在执行程序的时候确定的。下一次如果又添加了继承 Vehicle 类的新的子类,函数 driver 也不需要更改,只要新的继承子类重写了 drive 函数,driver 就可以调用到它。

9.4 例题分析和小结

9.4.1 例题

【例 9.6】 设计图形类 Figure,提供成员函数 getArea()求面积和 getPerim()求周长,并将它们定义为纯虚函数;由此派生出矩形 Rectangle 类,类的每个成员包含两个数据成员 a 和 b,分别表示矩形的长与宽,提供成员函数 getArea()求矩形的面积,提供成员函数 getPerim()求矩形的边长;生成圆 Circle 类,类的每个成员函数包含一个数据成员 r,表示圆的半径,提供成员函数 getArea()求圆的面积,提供成员函数 getPerim()求圆的边长。编写一个函数 Ap(),表示比较任意两个图形的面积和边长的大小。

首先定义 Figure 类,两个成员函数 getArea()和 getPerim(),定义为纯虚函数。

```
class Figure
{
  public:
    virtual double getPerim()=0;
    virtual double getArea()=0;
};
```

按要求定义 Rectangle 类和 Circle 类,使其均继承 Figure 类。

```
class Rectangle : public Figure{
    double a,b;
  public:
    double getPerim();
    double getArea();
    Rectangle(double x=0,double y=0);
};
class Circle : public Figure{
    double r;
  public:
    double getPerim();
    double getArea();
    Circle(double x=0);
};
```

编写类 Rectangle 和类 Circle 的成员函数。

```
Rectangle::Rectangle(double x,double y)
{   a=x;
    b=y;
}
double Rectangle::getArea()
{   return a*b;
}
double Rectangle::getPerim()
{   return 2*(a+b);
}
Circle::Circle(double x)
{   r=x;
```

```
}
double Circle::getArea()
{    return 3.14159*r*r;
}
double Circle::getPerim()
{    return 3.14159*2*r;
}
```

编写函数 Ap(),包含两个指针参数,分别为指向 Rectangle 类和 Circle 类的对象的指针。

```
void Ap(Figure &f1,Figure &f2)
{    double a1,a2,p1,p2;
    a1=f1.getArea();
    a2=f2.getArea();
    if(a1==a2)
        cout<<"两个图形的面积相等,"<<endl;
    else if(a1>a2)
        cout<<"第一个图形的面积大,"<<endl;
    else
        cout<<"第二个图形的面积大,"<<endl;
    p1=f1.getPerim();
    p2=f2.getPerim();
    if(p1==p2)
        cout<<"两个图形的边长相等。"<<endl;
    else if(p1>p2)
        cout<<"第一个图形的边长大。"<<endl;
    else
        cout<<"第二个图形的边长大。"<<endl;
}
```

实例化一个 Rectangle 类的对象和一个 Circle 类的对象,将其指针分别赋给一个指向 Figure 类的指针,调用 Ap()函数,比较结果。

```
void main()
{    Rectangle r(3,4);
    Circle c(2);
    Figure &Ff1=r,&Ff2=c;
    Ap(Ff1,Ff2);
}
```

运行结果为:

第二个图形的面积大,
第一个图形的边长大。

9.4.2　解题分析

图形类 Figure 是一个抽象类，getArea()和 getPerim()两个函数都是纯虚函数。Rectangle 类和 Circle 类都是 Figure 的派生类，在这两个派生类中定义了函数 getArea()和 getPerim()。Figure 类不能生成对象，但是可以有指针或引用，Figure 类的指针或引用可以根据不同的上下文决定是执行 Circle 类的函数，还是执行 Rectangle 类的函数。

由于要比较两个图形的面积和周长，所以函数 Ap(Figure &, Figure &)设置了两个 Figure 类对象的引用，两个图形既可以属于同一种，也可以不属于同一种。在这里需要注意的是比较的结果有大于、等于和相等三种可能，所以不能简单地用一个 if-else 结构进行比较。

9.4.3　小结

本章主要讲述了 C++的多态，多态是用同一个名称来表示相互继承的类中的有着相似功能的函数，从而使得对于不同类型的对象的相同调用有不同的响应，就相当于用同一个函数名实现对不同函数的调用。

多态是通过虚函数来实现的，虚函数是用 virtual 关键字声明的非静态成员函数，虚函数使用时总是将派生类类型的指针赋给基类类型的指针或使用基类类型的引用。

本节还介绍了一种特殊的虚函数——纯虚函数，纯虚函数只有声明，没有具体的实现函数；含有纯虚函数的类是抽象类，抽象类是一种特殊的类，只能作为基类来使用，其纯虚函数的实现由派生类给出。

实训 9　应用多态设计学生类

1. 实训题目

生成表示学生的类 XS，提供成员函数 dispXM()、dispXB()和 dispNL()分别用来显示姓名、性别和年龄，并将它们全部定义为纯虚函数；生成 CZS 类表示初中生，包含数据成员 xm、xb 和 nl 表示学生的姓名、性别和年龄，提供成员函数 dispXM()、dispXB()和 dispNL()分别用来显示姓名、性别和年龄；再生成类 GZS 表示高中生和类 DXS 表示大学生，同样包含相同含义的数据成员 xm、xb 和 nl，也包括成员函数 dispXM()、dispXB()和 dispNL()。

2. 实训要求

(1) 设计和实现基类 XS。
(2) 设计和实现派生类 CZS、GZS、DXS。

(3) 分别生成 CZS、GZS、DXS 类的对象。

(4) 将 CZS、GZS、DXS 类对象的指针赋给 XS 类的指针变量。

(5) 分别用 XS 类的指针和引用访问 dispXM()、dispXB()和 dispNL()函数。

(6) 观察程序结果。

习　题　9

9.1　为何要引入虚函数的概念？如何定义虚函数？

9.2　定义虚函数要遵循哪些规定？

9.3　写出下列程序的执行结果。

```
class A
{
public:
    A()
    {
        cout<<endl<<"实例化类 A 的一个对象。";
    }
    virtual~A()
    {
        cout<<endl<<"消除类 A 的一个对象。";
    }
    virtual void f()
    {
        cout<<endl<<"执行类 A 的成员函数。";
    }
};
class B: public A
{
 public:
    B()
    {
        cout<<endl<<"实例化类 B 的一个对象。";
    }
    virtual~B()
    {
        cout<<endl<<"消除类 B 的一个对象。";
    }
    void f()
    {
        cout<<endl<<"执行类 B 的成员函数。";
    }
```

```
};
void main()
{
    A a=A();
    B b=B();
    cout<<endl<<"------------------";
    a.f();
    b.f();
    cout<<endl<<"------------------";
    A * p;
    p=&b;
    p->f();
    cout<<endl<<"------------------";
}
```

9.4 抽象类有哪些特点？

9.5 什么是多态？如何实现它？

9.6 生成 Point 类，类的每个成员包含两个数据成员 Px 和 Py，分别表示点的横坐标和纵坐标，提供成员函数 area() 求点的面积，将 area() 定义为虚函数；生成 JX 类，类的每个成员函数包含两个数据成员 a 和 b，分别表示矩形的长和宽，提供成员函数 area() 求矩形的面积；JX 类继承 Point 类。

9.7 什么是纯虚函数？如何定义纯虚函数？

9.8 生成容器类 RQ，提供成员函数 calTJ() 计算容器的体积，定义 calTJ() 为纯虚函数；生成 LFT 类表示立方体，数据成员 a 表示立方体边长，提供成员函数 calTJ() 计算立方体的体积；生成长方体类 CFT，数据成员 a、b 和 c 表示长方体的长、宽和高，提供成员函数 calTJ() 计算长方体体积；LFT 类和 CFT 类都继承 RQ 类。

第 10 章　输入流和输出流

本章主要学习C++的输入输出机制：输入流和输出流。包括介绍C++的标准流库iostream及其结构，分类说明输入输出的操作和格式控制以及如何将流模型扩充到磁盘文件上。最后，本章提供了一些实际应用的具体实例。

10.1　输入流和输出流的概念

10.1.1　基本概念

在C++中，不仅可以继续使用C语言中以printf、scanf为代表的库函数实现输入输出，更引入了"流(stream)"的概念来丰富输入输出的操作方式。"流"就是数据流，即字符序列在主机与外部介质之间的流动，可以理解为由一连串的字节所组成的字节流。在输入操作中，字节流从输入设备(例如键盘、磁盘等)流到内存；在输出操作中，字节流从内存流到输出设备(例如显示器、打印机、磁盘等)。该字节流中的内容不一定是字符，也可能是整数、音频数据、视频数据等。

流在C++中被定义成类，在此之前经常使用的cout与cin就是iostream类库中用于完成输入输出操作的类对象。

下面用一个实例进行简单说明。

【例10.1】 从键盘上得到一个数字，随即将其在屏幕上显示出来。

程序如下：

```
#include<iostream.h>
int main()
{
    cout<<"Enter a number: "<<endl;
    int s1;
    cin >>s1;
    cout<<"The number is"<<s1<<endl;
    return 0;
}
```

程序的第一行是预处理程序指令♯include＜iostream.h＞,它告诉编译器希望使用iostream类库,尖括号内的内容是对应头文件(header)的名称,每个使用该类库的程序都必须包含这个头文件。

第四行语句是要输出提示信息：cout＜＜"Enter a number："＜＜endl;,在这个表达式中,cout是标准的输出流对象,"＜＜"本来是被定义为左位移运算符的,由于在iostream类库中对其进行了重载,使它作为输出运算符。需要输出的标准数据可直接放在运算符"＜＜"的右边。endl是end line的缩写,表示行结束,输出endl有两个目的,一个是可以起到换行的作用,另外一个目的是刷新输出缓冲区,可以确保用户立即看到输出信息。

第六行语句用来读入一个数字：cin＞＞s1;,跟cout类似,cin是标准的输入流对象,"＞＞"本来是被定义为右位移运算符的,在iostream类库中同样进行了重载,使它作为输入运算符。输入的数据被存储到运算符"＞＞"右边的变量s1中。

值得注意的是重载的＜＜和＞＞都可以在一条语句中连续使用,例如第七行语句：

cout＜＜"The number is"＜＜s1＜＜endl;

等同于下面的多条语句：

cout＜＜"The number is";
cout＜＜s1
cout＜＜endl;

10.1.2 输入输出类库

1. iostream类库的组成

对于iostream这个名称,i表示input(输入),o表示output(输出),合起来的意思就是输入输出流。类istream和类ostream都是通过单一继承从基类ios派生而来的。iostream类是由istream类和ostream类联合派生出来的,由于istream类主要支持输入操作,ostream类主要支持输出操作,所以iostream类同时支持输入输出操作。其继承方式如图10.1所示。

2. iostream类中定义的标准流对象

cin是类istream的对象,方便从标准输入设备(键盘)上读入数据。

cout是类ostream的对象,方便在标准输出设备(显示器)上显示数据或是向内存缓冲区中写入数据。

cerr是类ostream的对象,方便把程序的出错消息迅速地在屏幕上显示出来。

3. 文件的输入输出类

在fstream.h头文件中主要定义了3个类来完成对文件的各种输入输出操作,它们分别是 ifstream、ofstream、fstream，它们之间的继承关系如图 10.2 所示。

图 10.1　iostream 类的继承关系

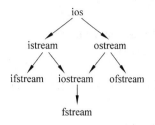

图 10.2　文件输入输出类的继承关系

10.2　输　出　流

输出流是由程序中输出到外部设备的数据流。主要由 ostream 类具体实现，其标志输出对象为 cout、cerr。使用它们基本上就可以完成大部分的输出操作。在一些特殊的情况下，还可以使用一些特殊的输出函数，如 put()、write() 等。

10.2.1　基本输出操作

1. cout 流对象

cout 是 console output 的缩写，意思是从控制台，即显示器上面显示数据，当使用 cout<<输出基本类型的数据时，完全不需要考虑输出数据的类型。这是因为运算符 <<是重载的，它对于系统的每种数据类型都有相应的函数实现。对于整型，它有对应整型数据的输出函数，对于字符型，它也有对应字符型数据的输出函数。因此它能够根据输出数据的类型自动的执行相应的输出函数。

【例 10.2】 输出 4 种不同类型的数据。

程序如下：

```
#include<iostream.h>
void main()
{
    int a=100;                        //整型
    double b=99.99;                   //双精度浮点型
    char c='W';                       //字符型
    char d[]="hello";                 //字符串
    cout<<"a="<<a<<",b="<<b<<",c="<<c<<",d="<<d<<endl;
}
```

运行结果为：

a=100,b=99.99,c=W,d=hello

【例 10.3】 直接输出表达式的计算结果。

程序如下：

```cpp
#include<iostream.h>
void main()
{
    cout<<"1+2="<<(1+2)<<endl;
}
```

运行结果为：

1+2=3

2. cout 的成员函数 put 和 write

成员函数 put()和 write()的作用是向输出流中插入字符或字符串,作用与插入运算符<<类似。

函数 put()是向输出流中插入单个字符。

【例 10.4】 输出显示一个字符。

程序如下：

```cpp
# include< iostream.h>
void main()
{
    cout.put('a');              //向输出流中插入字符 a
    cout.put('b');              //向输出流中插入字符 b
    cout.flush();               //刷新输出流中的数据,使其立刻在屏幕上显示出来
}
```

运行结果为：

ab

函数 write()用于向流中插入一个字符串,该字符串由第一个参数指定,插入字符串的长度由第二个参数指定。

【例 10.5】 输出显示指定长度的字符串。

程序如下：

```cpp
#include<iostream.h>
void main()
{   char * str=" Hello World!";
    cout.write(str,5);              //向输出流中插入字符串 Hello
    cout.flush();                   //刷新输出流
}
```

运行结果为：

Hello World!

3. cerr 流对象

cerr 流对象是标准的显示错误流,它与标准输出流 cout 的用法差不多,只有一点不同,cerr 只能在显示器上显示输出数据,而 cout 还可以将数据输出到磁盘文件上,通常在调试程序的时候,如果需要及时地在屏幕上显示出错信息,则需要使用 cerr。cerr 流中的信息是用户根据自己的需要指定的。

【例 10.6】 解一元二次方程 $ax^2+bx+c=0$,其中一般解为 $x_1, x_2 = \dfrac{-b \pm \sqrt{b^2-4ac}}{2a}$,如果 $a=0$ 或 $b^2-4ac<0$ 时,用该公式就会出错。编写程序实现从键盘输入 a、b、c 的值,求 x_1 和 x_2。

```
#include<iostream.h>
#include<math.h>
int main()
{
    float a,b,c,disc;
    cout<<"please input a,b,c: ";
    cin>>a>>b>>c;
    if(a==0)
        cerr<<"a is equal to zero,error!"<<endl;
    else   if((disc=b*b-4*a*c)<0)
            cerr<<"disc=b*b-4*a*c)< 0!"<<endl;
    else
    {
        cout<<"x1="<<(-b+sqrt(disc))/(2*a)<<endl;
        cout<<"x2="<<(-b-sqrt(disc))/(2*a)<<endl;
    }
    return 0;
}
```

10.2.2 按指定格式输出数据

C++标准的输入输出流提供了两种格式控制方式,一种是使用 ios 类中的相关的成员函数,如 setfI()、width()、precision()和 fill()等;另一种是直接使用格式控制符,如 oct、hex 和 dec,每种控制符表示一种输出格式,通常是将它们与运算符<<配合使用。虽然这两种方式用法不同,但功能相同,可根据不同的情况选用不同的方式。

1. 设置输出进制

在屏幕上输出一个整数时,默认情况下是以十进制方式进行显示的,如果想以其他的进制显示数据,如八进制和十六进制,就需要调用成员函数 setf 或直接利用操作符 oct、hex 和 dec 来实现。

【例 10.7】 按不同进制进行数据输出。

程序如下：

```
#include<iostream.h>
void main()
{   int a=100;
    cout.setf(ios::oct);                        //设置输出方式为八进制
    cout<<"a="<<a<<endl;
    cout.setf(ios::hex);                        //设置输出方式为十六进制
    cout<<"a="<<a<<endl;
    cout.setf(ios::dec,ios::basefield);;        //将输出方式设置为十进制
    cout<<"a="<<a<<endl;
    int     b=200;
    //直接利用格式控制符进行不同进制的输出
    cout<<"b="<<oct<<b<<endl;                   //八进制
    cout<<"b="<<hex<<b<<endl;                   //十六进制
    cout<<"b="<<dec<<b<<endl;                   //十进制
}
```

运行结果为：

```
a=144
a=64
a=100
b=310
b=c8
b=200
```

需要注意的是在使用函数 setf() 后，会改变系统默认的输出格式，而直接在插入运算符<<后面使用格式控制符则不会改变系统默认的输出格式，只对当前的输出流起作用。

2. 设置浮点数精度

在系统默认的情况下，每个浮点数的输出精度是 6 位，要想改变输出精度，可以通过成员函数 precision(int) 来实现，而不带参数的 precision( ) 会返回当前的精度值。

【例 10.8】 改变输出精度。

程序如下：

```
#include<iostream.h>
#include<math.h>
void main()                                     //程序的主函数
{
    double f=sqrt(5.0);                         //定义一个双精度型变量 f,并为其赋初值
    cout<<f<<endl;                              //按默认精度(6位)输出 f
    cout.precision(10);                         //将当前精度改为 10
    cout<<f<<endl;                              //按新的精度重新输出 f
}
```

运行结果为：

2.23607
2.236067977

3. 设置输出宽度

使用成员函数 width(int)可调整输出数据的宽度,在下面的实例中设置显示数据的宽度为 10 个字符,默认是右对齐方式。域宽设置仅对下一行的流插入有效,在一次操作完成之后,域宽又被置回 0。

【例 10.9】 设置输出宽度。

程序如下：

```cpp
#include<iostream.h>
int main()                          //程序的主函数
{
    int     value=1;
    for(int i=0;i<5;i++)
    {
        cout.width(10);
        cout<<value<<endl;
        value*=10;
    }
    return 0;
}
```

运行结果为：

1
10
100
1000
10000

注意：当输出的数据不能达到指定的输出宽度时,默认使用空格填充剩余的部分。如果超出了指定的输出宽度,width 函数也不会截断数值,会将其全部显示出来。

4. 设置填充字符

使用成员函数 fill(int)设置填充的字符,其参数为需要填充的字符。

【例 10.10】 设置填充字符。

程序如下：

```cpp
#include<iostream.h>
int main()                          //程序的主函数
{
```

```
    int     value=1;
    cout.fill('*');
    for(int i=0;i<5;i++)
    {
        cout.width(10);
        cout<<value<<endl;
        value*=10;
    }
    return 0;
}
```

运行结果为：

```
*********1
********10
*******100
******1000
*****10000
```

5. 设置对齐方式

调用成员函数 setf(Flags)，如果 Flags 为 right 标志可以使输出域右对齐并把填充字符放在输出数据的左边。left 标志可以使输出域左对齐并把填充字符放在输出数据的右边。

【例 10.11】 设置左对齐方式。

程序如下：

```
#include<iostream.h>
int main()                          //程序的主函数
{
    int     value=1;
    cout.setf(ios::left);
    cout.fill('*');
    for(int i=0;i<5;i++)
    {
        cout.width(10);
        cout<<value<<endl;
        value*=10;
    }
    return 0;
}
```

运行结果为：

```
1*********
10********
```

```
100*******
1000******
10000*****
```

6. 浮点数按科学计数法显示

调用成员函数 setf(),设置 scientific 标志使输出的浮点数按照科学计数法的形式进行显示,设置 fixed 标志使输出的浮点数按照定点的方式进行显示。如果不进行设置,则由浮点数的数值自动决定输出格式。

【例 10.12】 浮点数和科学计数法。

程序如下:

```cpp
#include<iostream.h>
#include<iomanip.h>
int main()
{
  double x=0.00123456,y=1.245e9;
  cout<<"displayed in default format:\n"
      <<x<<'\t'<<y<<'\n';
  cout.setf(ios::scientific,ios::floatfield);
  cout<<"displayed in scientific format:\n"
      <<x<<'\t'<<y<<'\n';
  cout.unsetf(ios::scientific);
  cout<<"displayed in default format after unsetf:\n"
      <<x<<'\t'<<y<<'\n';
  cout.setf(ios::fixed,ios::floatfield);
  cout<<"displayed in fixed format:\n"
      <<x<<'\t'<<y<<endl;
  return 0;
}
```

运行结果为:

```
displayed in default format:
0.00123456      1.245e+009
displayed in scientific format:
1.234560e-003   1.245000e+009
displayed in default format after unsetf:
0.00123456      1.245e+009
displayed in fixed format:
0.001235        1245000000.000000
```

在上述的两个例子中,均使用了成员函数 setf(long Flags),其中 Flags 取不同的标志意味着设定的不同输出格式,这些标志如表 10.1 所示,而且不同标志之间可以用 OR(|) 进行组合设置。如果需要取消某个格式设置,可以使用成员函数 unsetf(long Flags)。

表 10.1　格式状态标志

名　　称	解　　释
ios∷skipws	跳过空白字符(对于输入这是默认的)
ios∷showbase	显示一个整数值时标明数值基数(十进制、八进制或十六进制)
ios∷showpoint	表明浮点数的小数点和后面的零
ios∷uppercase	显示十六进制数值的大写字母 A-F 和科学记数法中的大写字母 E
ios∷dec	将基数设为十进制(默认)
ios∷hex	将基数设为十六进制
ios∷scientific	科学记数法表示浮点值,精度域指小数点后面的数字位数
ios∷fixed	定点格式表示浮点数,精度由 setprecision 或 ios∷precision 设置
ios∷left	左对齐,右填充字符
ios∷right	右对齐,左填充字符
ios∷internal	在任何引导符或基数指示符之后但在数值之前填充字符

10.3　输　入　流

与输出流相对应,输入流是从外部设备上接收数据到程序中。它由 istream 类具体实现,其标志输入对象为 cin。输入流中还包括一些特殊的输入函数,如 get()和 getline()。

1. cin 流对象

一般情况下,使用标准输入对象 cin 和运算符"＞＞"实现输入操作。若按空格或 Enter 键表示一次输入的结束。当遇到输入流中的文件结束时,流读取运算符返回 0。

【例 10.13】　一个简单的输入程序。

程序如下:

```cpp
#include<iostream.h>
#include<iomanip.h>
int main()
{
    int x,y;
    cout<<"输入两个整数值：";
    cin>>x>>y;
    cout<<"x="<<x<<" y="<<y<<" x+y="<<x+y<<endl;
    return 0;
}
```

运行结果为:

输入两个整数值:5 8
输出结果是:
x=5 y=8 x+y=13

利用 cin 还可以直接输入一个字符串。

【例 10.14】 一个字符串输入程序。

程序如下：

```cpp
#include<iostream>
using namespace std;
void main()
{   char buf[30];                    //定义一个存放 29 个字符的字符串
    cin>>buf;                         //输入不多于 29 个字符的字符串
    cout<<"buf="<<buf<<endl;          //显示输入的字符串
}
```

若输入"My name is zhang."则输出："buf= My"。

从上面的输出结果看与预期的结果并不相同。

buf 只得到了第一个单词,这是因为输入机制是通过寻找空格或回车来区分输入的,而 My 的后面有空格,所以"My name is zhang."被截断了。要解决这个问题,就需要使用成员函数 get()或 getline()。

2. cin 的成员函数 get()和 getline()

cin 的成员函数 get()和 getline()这两个函数都有 3 个参数：指向目标缓冲区的指针,缓冲区的大小(不能溢出)和终止符。终止符的默认值是"\n"。

```cpp
char buf[30];
cin.get(buf,30,'\n');
```

这个调用将输入数据放在字符数组 buf 中,30 是数组的大小,"\n"是终止符。由于"\n"是默认值,因此一般情况下,调用 cin.get(buf,30)效果相同。

【例 10.15】 字符串输入程序。

程序如下：

```cpp
#include<iostream.h>
void main()
{   cout<<"请输入字符串："<<endl;
    char buf[30];
    cin.get(buf,30);                  //接受输入,最多 29 个字符,每个汉字是 2 个字符
    cout<<buf<<endl;                  //输出
    cin.get(buf,30);                  //第二次接受输入没有执行
    cout<<buf<<endl;
}
This is a dog.↵
This is a dog.
```

buf 接收了整行语句,这里↵代表按 Enter 键,用以确定输入内容。但是,程序没给出第二次输入的机会,这是因为 get()遇到输入流的终止符时就会停止,它并不会从输入

流中提取终止符。如果此时再调用一次 get(),那么它第一眼看到的又是终止符"\n",于是什么都没接收到就退出了。

要解决这个问题,就需要使用成员函数 getline()。

【例 10.16】 字符串输入中的回车问题。

程序如下:

```
#include<iostream.h>
void main()
{   cout<<"请输入字符串："<<endl;
    char buf[30];
    cin.getline(buf,30);
    cout<<buf<<endl;
    cin.getline(buf,30);
    cout<<buf<<endl;
}
This is a dog.✓
This is a dog.
This is a cat.✓
This is a cat.
```

getline()函数读到终止符时会将其提取出来。但是并不会把它存进结果缓冲区。get()与 getline()函数在读到终止符(无论是默认的"\n"还是指定其他终止符如"a"、"z"等)后,都会将"0"存入结果缓冲区中,作为输入的终止。一般情况下,使用 getline(),而不是 get()函数。

3. 不同进制下的输入

利用格式操作符 oct、hex 和 dec 可以得到不同进制下的输入,其使用方法与 cout 非常类似。

【例 10.17】 输入流的格式控制。

程序如下:

```
#include<iostream.h>
void main()
{
    int i;
    cout<<"请输入一个十六进制数字：";
    cin>>hex>>i;                    //以十六进制为基数输入
    cout<<"换算成十进制为："<<i<<endl;

    cin>>oct;                       //设置当前输入进制为八进制
    cout<<"请输入一个八进制数字：";
    cin>>i;
    cout<<"换算成十进制为："<<i<<endl;
```

}

运行结果为：

请输入一个十六进制数字：f ↙
换算成十进制为：15
请输入一个八进制数字：11 ↙
换算成十进制为：9

注意：一旦使用 cin >>oct 将当前输入进制设置为八进制，则下面的所有输入全部按照八进制进行读入数据，直到使用 cin >>dec 将当前输入进制设置回十进制。

10.4 文 件

10.4.1 文件的打开和关闭

在 C++ 中使用输入输出流对文件进行操作，要打开一个文件，首先要做的就是创建一个文件流对象，并与指定的磁盘文件建立关联。

C++ 中的文件流分为输入、输出和输入输出 3 类，分别对应 ifstream、ofstream 和 fstream 三个文件流类。要创建文件流，必须包含头文件 fstream.h，用对应的文件流类声明实例对象，再执行相关的读写操作。

```
ifstream ifile;              //创建输入流对象 ifile
ofstream ofile;              //创建输出流对象 ofile
fstream iofile;              //创建输入输出流对象 iofile
```

在 C++ 中，流是一种逻辑机制，文件是实际存在于磁盘上的数据集合。简单地说，打开文件就是把流与文件相连接，关闭文件就是切断这一连接。打开文件时，还要指定文件是与哪种文件流相连接：输入流、输出流或是输入输出流。

一般情况下，可以使用两种方式打开文件。

1. 创建文件流对象

创建文件流对象的格式如下：

<文件流><文件对象>(<文件名>,<存取模式>);

文件流可以是 ofstream、ifstream 或 fstream。
文件对象是创建的文件流对象名。
文件名是磁盘上的文件名称(包含文件路径，路径应使用双斜杠"\\")。
存取模式是文件操作模式的标志。一般常用的操作模式有：

```
ios::in          //只读文件模式
ios::out         //只写文件模式
```

```
ios::app              //追加文件模式
```

这些标志可以使用"|"符号相连接，表示同时设置几种模式。

对已打开的文件的读写完成后，应关闭此文件，关闭文件用成员函数 close()，close() 是一个没有参数且无须指定返回值的函数。

【例 10.18】 从键盘上读入 10 个数字，将这些数字保存到 sample.txt 文件中，该文件放到路径 c:\temp 下面。

程序如下：

```
#include"fstream.h"
int main()
{
    int     buffer[10];                          //存放 10 个数字的整型数组
    //定义 ofile 输出流对象,并打开路径 c:\temp 下面的 sample.txt 文件,设置打开方式为
输出方式
    ofstream ofile("c:\\temp\\sample.txt",ios::out);
    if(!ofile)
    {    //如果文件不能正常打开,则显示出错提示
        cerr<<"Open sample.txt is failed!"<<endl;
        return 1;
    }
    cout<<"input 10 numbers : "<<endl;
    for(int i=0;i<10;i++)
    {
        cin>>buffer[i];
        ofile<<buffer[i]<<"";                    //写入文件
    }
    ofile.close();                               //关闭对文件 sample.txt 的操作
    return 0;
}
```

在上述程序中，有几点需要注意的：

(1) 声明 ofile 的同时，如果指定的文件不存在，便会创建这个文件并作为输出之用；如果指定的文件已经存在，这个文件会被打开作为输出之用，并且清空这个文件的原有内容。

(2) 如果文件已经存在，又不希望丢弃其原有内容，而是希望添加新数据到文件中，那么必须使用追加模式打开文件，比如下列代码：

```
ofstream ofile("c:\\temp\\sample.txt",ios::app);
```

(3) 如果需要对文件进行读取操作，那么必须设置既读又写模式，例如：

```
ofstream ofile("c:\\temp\\sample.txt",ios::in|ios::out);
```

(4) 文件有可能打开失败，在进行写入操作之前，必须确定文件已经成功打开，最简

单的办法就是检验文件类对象的真假,如果文件未能成功打开,ofstream 的对象 ofile 会返回 false 值,在这种情况下,可以显示错误信息,提醒用户。

```
if(!ofile) {
    cerr<<"Open sample.txt is failed!"<<endl;
}
```

(5) 打开文件时,如果不指明存取模式,则默认为只读文件模式,例如:

```
ofstream ofile("c:\\temp\\sample.txt");
```

2. 使用文件流成员函数 open()

可以使用 open() 函数来打开一个文件,其调用形式如下:

<文件流对象>.open(<文件名>,<存取方式>);
```
fstream file_object;
file_object.open( file_name,access_mode );
```

各个参数的含义与创建文件流方式时相同。

可以用下面格式打开使用 infile.txt 文件。

```
ifstream ifile;
ifile.open("infile.txt",ios::in);
```

除了 ios::in 外还有其他的存取方式标志位如表 10.2 所示。

表 10.2 存取方式标志位

名 称	含 义
ios::in	以只读方式打开文件(用 ifstream 创建对象时默认)
ios::out	以只写方式打开文件(当用于一个没有 ios::app、ios::ate 或 ios::in 的 ofstream 时,ios::trunc 是默认设置)
ios::app	以追加方式打开文件,即写在文件尾部
ios::ate	打开一个现成的文件(无论输入还是输出)并寻找末尾
ios::binary	以二进制方式打开文件,默认为文本方式
ios::nocreate	如果文件不存在,打开操作失败(仅打开存在的文件)
ios::noreplace	如果文件存在,打开操作失败(仅打开不存在的文件)
ios::trunc	如果文件已存在,则将其长度截为 0,并清除原来的内容

10.4.2 文件的读写

一个文件被打开以后,就与对应的文件流连接起来。这时对文件的读操作,就是从流中提取元素,对文件的写操作就是向流中插入元素。文件的打开模式分为文本模式和二进制模式。

1. 文本模式

以文本模式打开文件,操作其对应的文件流的方式与操作一般输入输出流相类似。

【例 10.19】 简单的写文本文件程序。

程序如下:

```
#include<iostream.h>
#include<fstream.h>
void main()
{   ofstream ofile("c:\\temp\\file.txt");         //以文本方式打开文件 file.txt
    if(!ofile)cerr<<"打开文件错误!"<<endl;
    else    {                                      //开始写入操作
        ofile<<"姓名\t"<<"年龄\t"<<"性别\t"<<endl;
        ofile<<"赵易\t"<<"21\t"<<"  男"<<endl;
        ofile<<"钱耳\t"<<"25\t"<<"  女"<<endl;
        ofile<<"孙伞\t"<<"26\t"<<"  男"<<endl;
        ofile<<"李思\t"<<"22\t"<<"  女"<<endl;
    }
}
```

这是一个档案记录程序,它建立档案文件 file.txt,并将姓名、年龄、性别依次填入。

文件内容如下:

姓名	年龄	性别
赵易	21	男
钱耳	25	女
孙伞	26	男
李思	22	女

【例 10.20】 向文本文件中先写入特定字符串,再从文件读出并输出。

程序如下:

```
#include<iostream.h>
#include<fstream.h>
void main()
{
    //定义文件流
    ofstream ofile;
    ifstream ifile;
    char buf1[30],buf2[30];
    ofile.open("c:\\temp\\abc.txt");              //打开文件,写入字符串
    ofile<<"Hello file!";
    ofile<<"\nHi Boy and Girl!";
    ofile.close();                                //关闭文件
```

```cpp
    ifile.open("c:\\temp\\abc.txt");              //打开文件,进行读操作
    ifile.getline(buf1,30);                       //读出"Hello file!"
    ifile.getline(buf2,30);                       //读出"Hi Boy and Girl!"
    cout<<buf1<<endl;
    cout<<buf2<<endl;
    ifile.close();                                //关闭文件
}
```

上面这段程序在"c:\temp\"目录下创建文件 abc.txt,文件内容为:

Hello file!
Hi Boy and Girl!

最后程序将文件内容输出。

2. 二进制模式

以二进制方式打开的文件,对它的读写操作与文本文件有所不同。程序必须按照数据在内存或磁盘中的存放格式一个字节一个字节地读取或写入。这需要使用 read()函数和 write()函数。

【例 10.21】 以二进制方式将员工的工资信息写入文件。

程序如下:

```cpp
#include<iostream.h>
#include<fstream.h>
//定义一个结构,存储员工姓名和工资
struct person{
    char name[20];
    double salary;
};
void main()
{
    person emp1={"李思",1200};
    person emp2={"王强",1000};
    ofstream ofile("c:\\temp\\date.txt",ios::binary);     //以二进制方式打开文件
    if(!ofile)                                            //如果打开文件出现错误,则退出程序
    {
        cerr<<"打开文件错误!"<<endl;
        return;
    }
    ofile.write((char*)&emp1,sizeof(emp1));               //将李思的信息写入文件
    ofile.write((char*)&emp2,sizeof(emp2));               //将王强的信息写入文件
    ofile.close();
}
```

由于 write 函数只能写字符串,所以,对于其他类型的数据,必须先以"(char*)+数

据地址"的形式将它们转变为字符串类型,通过 sizeof()函数可以得到数据的长度。

【例 10.22】 以二进制方式将员工的工资信息从上例创建的文件中读出来。

程序如下:

```cpp
#include<iostream.h>
#include<fstream.h>
//定义一个结构,存储员工姓名和工资
struct person{
    char name[20];
    double salary;
};
void main()
{
    person emp1,emp2;
    ifstream ifile("c:\\temp\\ date.txt",ios::binary);   //以二进制方式打开文件
    ifile.read((char*)&emp1,sizeof(emp1));               //从文件中读出李思的信息
    ifile.read((char*)&emp2,sizeof(emp2));               //从文件中读出王强的信息
    cout<<"职工姓名: "<<emp1.name<<endl;
    cout<<"工    资: "<<emp1.salary<<endl;
    cout<<"职工姓名: "<<emp2.name<<endl;
    cout<<"工    资: "<<emp2.salary<<endl;
    ifile.close();                                        //关闭文件
}
```

运行结果为:

职工姓名:李思
工   资:1200
职工姓名:王强
工   资:1000

在上面的实例中,是已知 date.txt 文件中有两个员工的数据,所以只取出这两个员工的信息即可。但更多的时候,事先并不知道文件中存储了几个员工的数据,这种情况下,通常是采用一个循环结构,不断地读取下一个员工的信息,直到读取到文件的末尾为止。判断是否读到文件的末尾通常是调用 eof()函数,如果读到末尾,该函数返回一个非零值,没有则返回零值。

【例 10.23】 循环读取文件中员工的信息,直到文件结束。

程序如下:

```cpp
#include<iostream.h>
#include<fstream.h>
//定义一个结构,存储员工姓名和工资
struct person{
    char name[20];
    double salary;
```

```
};
void main()
{
    person emp
    ifstream ifile("c:\\temp\\date.txt",ios::binary);        //以二进制方式打开文件
    while(!ifile.eof()){                                      //如果没有读到文件末尾,则继续读取数据
        ifile.read((char*)&emp,sizeof(emp));                  //从文件中读取员工数据
        if(ifile.eof())break;                                 //如果读到文件末尾,则退出循环
        cout<<"职工姓名:"<<emp.name<<endl;
        cout<<"工    资:"<<emp.salary<<endl;
    }
    ifile.close();                                            //关闭文件
}
```

运行结果为:

职工姓名:李思
工   资:1200
职工姓名:王强
工   资:1000

10.4.3 文件的随机读写

在一般情况下,以读方式打开文件时,文件指针总是指向文件的开头;以写方式打开文件时,文件指针总是指向文件的结尾。当读文件时,每读一个字节,文件指针就向后移动一个字符的位置;写文件时每写一个字符后,文件指针就移动到文件的尾部。这种文件指针的移动方式显得非常被动。为了增加对文件访问的灵活性,C++ 的 istream 类和 ostream 类中定义了一些在输入输出流中操作文件指针的成员函数,让编程者可以方便地操纵文件指针。一个文件实际上有两个指针,一个用于读,一个用于写。因此,函数分为对应于 istream 类和 ostream 类的两套版本。

这些操纵指针的函数可以分为以下 3 类,文件指针相对移动函数、文件指针定位函数和文件指针绝对移动函数,下面分别介绍这些函数。

1. 文件指针相对移动函数

在 istream 类和 ostream 类中分别定义了不同的相对指针移动函数 seekg()和 seekp()来执行。它们的定义如下:

```
istream& istream::seekg(streamoff off,ios::seek_dir dir);
ostream& ostream::seekp(streamoff off,ios::seek_dir dir);
```

参数 dir 是文件指针相对移动的参照位置,如表 10.3 所列,共有 3 种情况,在 ios 中被定义为一个枚举类型 seek_dir。

表 10.3 dir 标志位含义

名称	含义
Ios::beg	文件头部
Ios::end	文件尾部
Ios::cur	当前文件指针的位置

参数 off 是相对于参照位置的偏移量,为正就是往文件尾部移动,为负就是往文件头部移动。off 被定义为 streamoff 类型,实际上就是 long 类型。

```
infile.seekg(2,ios::cur)          //文件指针从当前位置向文件尾部移动 2 个字节
infile.seekg(-3,ios::end)         //文件指针从文件尾部向文件头部移动 3 个字节
outfile.seekp(0,ios::beg)         //文件指针移到文件头部
```

【例 10.24】 从文件的相对位置读取字符。
程序如下:

```
#include<iostream>
#include<fstream>
using namespace std;
void main()
{
    char strBuffer[]="I am student.";
    ofstream ofile("c:\\temp\\goal.txt");        //建立一个文本文件
    ofile<<strBuffer;                            //向文件中写入字符串
    ofile.close();                               //关闭文件
    char   ch;
    ifstream ifile("c:\\temp\\goal.txt");        //打开文件,默认读取方式
    ifile.seekg(-3,ios::end);                    //文件指针从文件尾部向文件头部移动 3 个字节
    ifile.get(ch);
    cout<<ch<<endl;

    ifile.seekg(2,ios::beg);                     //文件指针从文件头开始,后移 2 个字符
    ifile.get(ch);
    cout<<ch<<endl;

    ifile.seekg(2,ios::cur);                     //文件指针从当前位置开始,后移 2 个字符
    ifile.get(ch);
    cout<<ch<<endl;
}
```

运行结果为:

n
a
s

2. 文件指针定位函数

对应于 istream 类和 ostream 类的指针定位函数分别是 tellg() 和 tellp()。其定义如下：

```
streampos istream::tellg();
streampos ostream::tellp();
```

它们返回文件指针的当前位置，返回类型为 streampos，等同于 long 类型。

```
streampos inpos,outpos;
inpos=infile.tellg();            //返回文件 infile 的当前文件指针位置
outpos=outfile.tellp();          //返回文件 outfile 的当前文件指针位置
```

【例 10.25】 显示读取文件时，文件指针的移动位置。
程序如下：

```
#include<iostream.h>
#include<fstream.h>
void main()
{
    char strBuffer[]="I am student.";
    ofstream ofile("c:\\temp\\goal.txt");   //建立一个文本文件
    ofile<<strBuffer;                        //向文件中写入字符串
    ofile.close();                           //关闭文件
    char ch;
    streampos pos;
    ifstream ifile("c:\\temp\\goal.txt");   //打开文件,默认读取方式
    pos=ifile.tellg();                       //得到刚打开文件时,文件指针的位置
    cout<<"当前文件指针位置："<<pos<<endl;
    ifile.get(ch);
    cout<<"得到的字符："<<ch<<endl;
    pos=ifile.tellg();                       //得到读取一个字符后,文件指针的位置
    cout<<"读取一个字符后文件指针位置："<<pos<<endl;
}
```

运行结果为：

当前文件指针位置：0
得到的字符：I
读取一个字符后文件指针位置：1

3. 文件指针绝对移动函数

文件指针的绝对移动函数可以将指针移动到指定的绝对地址上。对应于 istream 类和 ostream 类的成员函数是 seekg() 和 seekp()，函数原型如下：

```
istream& istream::seekg( streampos pos );
ostream& ostream::seekp( streampos pos );
```

【例 10.26】 分别读出文件中第 4 个和第 6 个字符。

程序如下：

```cpp
#include<iostream>
#include<fstream>
using namespace std;
void main()
{
    char strBuffer[]="I am student.";
    ofstream ofile("c:\\temp\\goal.txt");      //建立一个文本文件
    ofile<<strBuffer;                           //向文件中写入字符串
    ofile.close();                              //关闭文件
    char ch;
    streampos pos;
    ifstream ifile("c:\\temp\\goal.txt");       //打开文件,默认读取方式

    pos=3;
    ifile.seekg(pos);                           //将文件指针移动到第 4 个字符的位置
    ifile.get(ch);                              //读取一个字符
    cout<<"文件中第 4 个字符为："<<ch<<endl;

    pos=5;
    ifile.seekg(pos);                           //将文件指针移动到第 6 个字符的位置
    ifile.get(ch);                              //读取一个字符
    cout<<" 文件中第 6 个字符为："<<ch<<endl;
}
```

运行结果为：

文件中第 4 个字符为：m
文件中第 6 个字符为：s

10.5 例题分析与小结

10.5.1 例题

【例 10.27】 编写一个程序在磁盘上产生一个档案文件。文件名由用户指定。用户按照"姓名"、"年龄"、"工资"的顺序输入 3 条记录。然后程序在记录前加记录号（数字和一个空格），将内容写入文件 backup.txt。最后显示 backup.txt 文件的内容。

首先定义一个存放记录的结构体，结构体包括显示函数，然后定义写入文件和从文件

读出函数,最后编写主程序。

```cpp
#include<iostream.h>
#include<fstream.h>
struct Record{                                  //定义结构,用以存放 1 条记录
    char name[30];
    char age[30];
    char salary[30];
    void Display() {cout<<"姓名："<<name<<"\t 年龄："<<age<<"\t 工资："<<salary<<endl;}
};
void WriteFile(ofstream &file,Record &data)
{   file<<data.name<<" "<<data.age<<" "<<data.salary<<endl;
}
void ReadFile(ifstream &file,Record &data){file>>data.name>>data.age >>data.salary;}
void main()
{   int   i,id;
    char * file_name= "c:\\temp\\data.txt";
    Record data;
    ofstream xfile(file_name,ios::out);         //用户创建文件并写入数据
    if(!xfile)                                  //打开文件错误
    {   cerr<<"不能打开文件！"<<endl;
        return;
    }
    cout<<"请输入数据 姓名、年龄和工资："<<endl;
    for(i=0;i<3;i++)                            //用户输入 3 条记录
    {   cout<<"姓名：";
        cin >>data.name;
        cout<<"年龄：";
        cin >>data.age;
        cout<<"工资：";
        cin>>data.salary;
        WriteFile(xfile,data);
    }
    xfile.close();
    ifstream infile( file_name,ios::in );       //备份文件
    if(!infile)
    {   cout<<"不能打开文件"<<endl;
        return;
    }
    ofstream outfile("c:\\temp\\backup.txt",ios::out);
    if(!outfile)                                //创建备份文件错误
    {   cout<<"不能建立 backup.txt 文件"<<endl;
        return;
```

```cpp
        }
        id=1;
        while(!infile.eof())                    //所有记录加标号后写入备份文件
        {   ReadFile(infile,data);
            if(infile.eof())break;
            outfile<<id++<<"";                  //加标号后写入 ios::in
            WriteFile(outfile,data);
        }
        outfile.close();
        infile.close();
        ifstream ifile("c:\\temp\\backup.txt");
        if(!ifile)                              //打开文件错误
        {   cerr<<"不能打开 backup.txt 文件!"<<endl;
            return;
        }
        while(!ifile.eof())                     //读文件
        {   ifile >> id ;                       //读标号
            ReadFile(ifile,data);
            if(ifile.eof())break;
            cout<<id<<"\t";                     //输出标号
            data.Display();
        }
        ifile.close();
    }
```

10.5.2 解题分析

按照题目要求首先定义一个存放记录的结构体,结构体也是类,它的默认属性是公有的,这个结构体只包括一个显示函数。

为了分步处理,首先定义写入文件和从文件读出函数,最后编写主程序。

这是一个数据文件管理程序。首先,在磁盘上产生一个文件 data.txt。

要实现在每一行前面加行号的功能,先获取一行数据,再将其加行号后写入新的文件 backup.txt。最后在屏幕上显示修改过的文件的内容。

目的是学会正确地使用文件。

10.5.3 小结

本章首先介绍了输入输出流的概念、流库的层次结构和使用规则;然后分类介绍了输入流和输出流的基本使用方法和各种控制函数;最后,详细介绍了文件的打开,输入输出和随机读写的方法。

流可以看做数据的流动,它负责数据从产生者到使用者间的传递过程。一个输出流对象是信息流动的目标,标准输出流对象由 ostream 类构造;输入流对象是信息流动的源头,标准输入流对象由 istream 类构造。它们的格式可以通过格式操作符或 ios 函数控制。文件流对象由 fstream 类(包括 ifstream 类和 ofstream 类)构造,可以以文本模式或二进制模式以及多种操作方式打开文件。文件中的内容可以通过移动文件指针进行随机读写。

通过本章的学习可以掌握基本的输入输出技巧,掌握文件的基本存取方法,编写存取数据的实用程序。

实训 10　输入流和输出流

1. 实训题目 1

设计一个程序,接收用户的多行输入,用户按 Ctrl+Z 键表示全部输入结束。程序接收完所有输入后,再将输入内容全部显示出来。

2. 实训 1 要求

(1) 分析控制台输入输出的要求。
(2) 掌握接收键盘输入的编程技巧。
(3) 掌握屏幕显示的编程方法。

3. 实训题目 2

设计一个程序,将英文文本文件 datain.txt 中的小写字母都转换成大写字母,输出到文件 dataout.txt 中,然后显示 dataout.txt 文件中的内容并且统计字符的个数。

4. 实训 2 要求

(1) 读取文本文件 datain.txt 中字母。
(2) 将小写字母转换成大写字母。
(3) 存入 dataout.txt 文件中。
(4) 读取并且显示文件 dataout.txt 中字母。
(5) 统计字符的个数。

习　题　10

10.1　下面是一个标准的 C++ 输出程序,请将它补充完整。

```
#include_____
void main( )
```

{cout<<"Standard C++ "<<endl;}

10.2 cin 是类_____的一个对象,处理标准输入;cout 和 cerr 是类_____的对象,cout 处理标准输出,cerr 是处理标准出错信息。

10.3 文件的 I/O 由_____、_____和_____3 个类提供,使用文件 I/O 类的程序需要包含头文件_____。

10.4 向输出流中插入字符或字符串可由 cout 的成员函数_____和_____实现。

10.5 格式控制符_____、_____和_____分别指定整数按八进制、十六进制、十进制格式显示。

10.6 从键盘上得到一行输入字符,通常由 cin 的成员函数_____实现。

10.7 在 C++ 中,打开一个文件就是将这个文件与一个_____建立关联;关闭一个文件,就是取消这种关联。

10.8 文件的打开方式分为_____模式和_____模式两种,其中操作方式与输入输出流相似的是_____模式。

10.9 文件指针有两种,一种用于_____,另一种用于_____,它们对应的文件指针绝对移动函数是_____和_____。

10.10 已知 int a=7;int * pa = &a;输出 pa 的地址的方法是_____。

A. cout<<pa　　　　　　　　B. cout<< * pa

C. cout<<&pa　　　　　　　D. cout<<long(pa)

10.11 下列输出字符 A 的方法中,_____是错误的。

A. cout<<put('A')　　　　　B. cout<<'A'

C. cout.put('A')　　　　　　D. char x='A';cout<<x

10.12 下列关于 getline()函数的表述,_____是错误的。

A. 该函数是用来从键盘上读取字符串的

B. 该函数读取的字符串长度是受限制的

C. 该函数读取字符串时遇终止符停止

D. 该函数中所使用的终止符只能是换行符

10.13 执行下面的语句,显示结果为_____。

int i=100 ;cout.setf(ios::oct);cout<<i<<endl;;

A. 100　　　　B. 144　　　　C. 64　　　　D. 108

10.14 执行下面的语句,显示结果为_____。

int i=100 ;　cout<<hex<<i<<endl;;

A. 100　　　　B. 144　　　　C. 64　　　　D. 108

10.15 关于 read( )函数的描述中,_____是正确的。

A. 是用来从键盘输入中获取字符串的

B. 所获取的字符多少不受限制

C. 只能用于文件操作中

D. 只能按规定读取所指定数目的字符

10.16 关于 write( )函数的描述中，_____是正确的。
    A. 可以写入任意数据类型的数据
    B. 只能写二进制文件
    C. 只能写字符串
    D. 可以使用(char＊)＋数组名的方式写数组

10.17 已定义结构 Score，并用 Score 定义变量 grade5，已知用二进制方式打开输出文件流 ofile，下列正确写入 grade 的方式是_____。
    A. ofile.write((char＊)&Score,sizeof(grade5));
    B. ofile.write((char)&grade5,sizeof(grade5));
    C. ofile.write((char＊)grade5,sizeof(grade5));
    D. ofile.write((char＊)&grade5,sizeof(Score));

10.18 已知文本文件的内容是字符串 Madam I'm Adam，输出不是"dam"的语句序列是_____。
    A. char str[30];ifile.seekg(11,ios::beg);ifile.getline(str,30);cout<<str<<endl;
    B. char str[30];ifile.seekg(11,ios::beg);ifile.get(str,30);cout<<str<<endl;
    C. char str[30];ifile.seekg(2,ios::beg);ifile.getline(str,30);cout<<str<<endl;
    D. char str[30];ifile.seekg(2,ios::beg);ifile.get(str,30,' ');cout<<str<<endl;

10.19 编写程序输出如下字符串。

我们都会用C++ 编写程序。

10.20 编写程序分别用八进制、十六进制和十进制输出整数 327。

10.21 输入以下字符序列,包括所有空格,然后将它们完整显示出来,按 Ctrl＋Z 键表示输入结束。

abc de fg
$ d e9x uz

10.22 编制一个程序，它可以将读入的句子的每个单词分隔开并分行显示出来。

10.23 设计一个程序，接收用户的输入数据，将其存放在一个字符串中。

10.24 设计一个类，用来输入、存储、检验并显示年、月、日的信息。

10.25 编写一个程序将 data.txt 文件中的内容在屏幕上显示出来并复制到 data1.txt 文件中。

10.26 编写一个程序，统计 data.txt 文件的行数，并将所有行前加上行号后写到 data1.txt 文件中。

10.27 编写一个程序显示文本文件内容，但是文件中所有以//开头的注释信息不显示出来。

10.28 设计一个类 CDate，用以存放并可以显示年、月、日的信息，由用户输入数据，然后存入二进制文件 date.dat。

10.29 假设习题 10.28 的程序将 10 个 CDate 类型的数据写入文件 date.dat，现设计一个程序，接收用户输入的数据编号(1～10)，再将文件中对应的数据显示出来。

第11章 模板和异常处理

代码重用是现代程序设计追求的一个重要目标，模板有效地实现了软件重用，它是C++语言的一个重大特点。一个优秀的软件应该具有容错能力，C++中异常处理增强了程序的容错能力。模板和异常处理都是C++的重要机制。

11.1 模 板

模板给C++增加了对通用对象和函数的支持，这是传统语言所缺少的面向对象的特点。函数模板给C++语言添加了许多灵活性，而类模板扩展了C++类的灵活性。

11.1.1 模板的定义

模板也叫做参数化的数据类型，模板有两种类型：函数模板和类模板。
函数模板的声明语法为：

template<<模板参数表>>
<模板函数类型><模板函数名>(<参数表>)

模板参数表由若干个"class 模板参数"组成。
【例 11.1】 同类型加法函数模板。
程序如下：

```
template<class T>
T sum(T a,T b)
{
    return a+b;
}
```

此函数的两个参数以及返回值类型均未指明，只是以变量 T 表示。T 标识符用来表示模板定义中参数化的类型，也可以用其他合法的C++标识符来表示，不过一般习惯用 T 来表示。

在这个例子中函数 sum 的两个参数是同一种类型,当所定义的函数参数不是同一种类型时,只要修改相应的模板参数表即可。

【例 11.2】 不同类型的加法函数模板。

程序如下:

```
template<class T1,class T2>
T1 sum(T1 a,T2 b)
{
    return a+b;
}
```

类模板的声明语法为:

template<<模板参数表>>
<类声明>

【例 11.3】 一个简单的类模板。

程序如下:

```
template<class T1,class T2>
class A
{
        T1 x;
        T2 y;
Public:
        A(T1 a,T2 b)
        {   x=a;
            y=b;
        }
        void display()
        {   cout<<"("<<x<<","<<y<<")"<<endl;
        }
};
```

利用模板,程序员可以构造相关函数或类的系列,大大缩短了程序的长度,在某种程度上也增加了程序的灵活性。在使用模板时程序员不必关心所使用的每个对象的类型,而只要集中精力到程序的算法上面。

模板是 C++ 最新的扩展,也是 C++ 中的一项有争议的技术,虽然模板有着强大的功能,但是想要用好它也需要有丰富的编程经验,否则将会对程序的结构和执行效率带来负面的影响。

11.1.2 模板的使用

1. 函数模板

在一个程序中所调用的函数模板可能使用不同的参数列表,这就使得程序能够用不

同类型的参数调用相同的函数。对于例 11.1,可以这样调用:

```
int iSum=sum(2,3);
double dSum=sum(2.0,3.0);
```

【例 11.4】 设计一个求两个数之和的函数模板,使用函数模板求两个整数之和,求两个实数之和。设计一个求两个整数之和的函数 isum,设计一个求两个实数之和的函数 fsum,编写程序检验结果。

程序如下:

```
template<class T>
T sum(T a,T b)
{    return a+b;                         //加法模板
}
int isum(int a,int b)
{    return a+b;                         //整数加法
}
float fsum(float a,float b)
{    return a+b;                         //实数加法
}
void main()
{    cout<<"isum(2,3)="<<isum(2,3)<<endl;
     cout<<"fsum(3.5,4.6)="<<fsum(3.5,4.6)<<endl;
     cout<<"sum(2,3)="<<sum(2,3)<<endl;
     cout<<"sum(3.5,4.6)="<<sum(3.5,4.6)<<endl;
}
```

运行结果为:

```
isum(2,3)=5
fsum(3.5,4.6)=8.1
sum(2,3)=5
sum(3.5,4.6)=8.1
```

在本例中,可以看到 sum 其实相当于若干个函数的组合,对应于不同的参数类型,sum 可以返回不同的结果。

2. 类模板

同样,在一个程序中可能要声明类模板的多个对象,对于例 11.3,可以这样声明类模板 A 的多个不同类型的对象:

```
A<int>intA;
A<float>floatA;
A<double>doubleA;
```

【例 11.5】 设计一个关于复数的类模板 FS,使其可以声明实部、虚部均是整数或者均是实数的对象类,包含数据成员 a 和 b 表示复数的实部与虚部,成员函数 disp()用来显示复数。

程序如下:

```
template<class T>
class FS
{       T a;
        T b;
    public:
        FS(T x,T y)
        {   a=x;
            b=y;
        }
        void disp()
        {   cout<<a<<"+"<<b<<"i"<<endl;
        }
};
void main()
{   FS<int>f1(2,3);
    FS<double>f2(4.3,5.2);
    f1.disp();
    f2.disp();
}
```

运行结果为:

2+3i
4.3+5.2i

11.2 异常处理

异常处理是C++的一个特点,它能够在检测到程序的运行错误后,终止程序,并按事先指定的方法对错误进行处理,当异常被处理完毕后,程序会被重新激活,并在异常处理点继续执行下去。选择异常处理的策略通常和实际的应用联系在一起,有些时候,程序给出错误信息,有时要求用户重新输入和选择。

11.2.1 异常处理的语法结构

一般而言,C++的异常处理可以分为两大部分:一是异常的识别与发出,二是异常的捕捉与处理。异常处理的语法结构如下:

```
class<异常标志>{}
```

```
try
{
    ⋮
    throw(<异常标志>)                           //抛出异常
    ⋮
}
catch(<异常标志>)                              //捕捉异常
{
    ⋮
                                              //处理异常
}
```

如果在 try{}程序块内发现异常,则由 throw(异常)语句抛出异常,catch(异常)语句负责捕捉异常,当异常被捕获之后,catch{}程序块内的程序则进行异常的处理。在这里 throw(异常)语句所抛出的异常其实是某种对象,是用来识别异常的。

11.2.2 异常处理的应用

下面通过一个简单的例子来说明异常处理的使用。

【例 11.6】 要求一个函数表达式 $f(x)=a+b/c$ 的值,很显然 c 是不能为 0 的,编写捕捉 c 为 0 时的异常,并且提醒用户除数为 0。

程序如下:

```cpp
class YC{};
void main()
{   double a,b,c;
    cout<<endl<<"请输入 a、b 和 c: ";
    cin>>a;
    cin>>b;
    cin>>c;
    try{
        if(c==0)
            throw YC();
        cout<<endl<<a<<"+"<<b<<"/"<<c<<"="<<a+b/c<<endl;
    }
    catch(YC)
    {   cout<<endl<<"除数不可以为 0!"<<endl;
    }
}
```

运行结果为:

请输入 a、b 和 c: <u>4 6 0</u>
除数不可以为 0!

其中,下划线部分是用户输入的。

在本例中,YC 类是用来表示异常的类,当程序发现除数为 0 的情况时,由 throw(YC)抛出一个YC 的对象,由 catch(异常)语句来捕捉异常。抛出异常的 throw(异常)语句既可以在 try{}程序块中,也可以位于其中所调用的函数中。

在 try{}程序块中可能根据不同的错误情况抛出不同的异常,当需要处理多种异常的时候,只要增加相应的 catch{}程序块即可。

【例 11.7】 用户输入矩形的长与宽,计算矩形的面积,当矩形的面积小于 10 时抛出异常 S,当矩形的面积大于 100 时抛出异常 L。

程序如下:

```
class S{};
class L{};
void main()
{   int a,b;
    cout<<endl<<"请输入矩形的长与宽：";
    cin>>a;
    cin>>b;
    try{
        if(a*b<10)throw S();
        else if(a*b>100)throw L();
        else cout<<endl<<"长为"<<a<<",宽为"<<b<<"的矩形面积为"<<a*b<<"。";
    }
    catch(S){cout<<endl<<"矩形的面积不能小于 10!"<<endl;}
    catch(L){cout<<endl<<"矩形的面积不能大于 100!"<<endl;}
}
```

运行结果为：

请输入矩形的长与宽：3 2
矩形的面积不能小于 10!
请输入矩形的长与宽：20 30
矩形的面积不能大于 100!

11.3 例题分析和小结

11.3.1 例题

【例 11.8】 设计一个求两个整数中的大数的函数 max2,重载函数 max2 使其可以求两个实数中的大数,设计一个模板函数 max1 求两个数中的大数。

首先定义求两个整数中的大数的函数 max2(int,int),其两个参数的数据类型为 int。

程序如下:

```
int max2(int a,int b)
{
    if(a>=b)return a;
    else return b;
}
```

重载函数 max2(),使其可以比较两个实数。

```
double max2(double a,double b)
{
    if(a>=b)return a;
    else return b;
}
```

定义函数模板 max1。

```
template<class T>
T max1(T a,T b)
{
    if(a>=b)return a;
    else return b;
}
void main()
{
    cout<<"max2(12,35)="<<max2(12,35)<<endl;
    cout<<"max2(3.5,4.6)="<<max2(3.5,4.6)<<endl;
    cout<<"max1(12,35)="<<max1(12,35)<<endl;
    cout<<"max1(3.5,4.6)="<<max1(3.5,4.6)<<endl;
}
```

运行结果为:

```
max2(12,35)=35
max2(3.5,4.6)=4.6
max1(12,35)=35
max1(3.5,4.6)=4.6
```

比较 max1()与 max2()的执行情况,可以看出它们的运行效果是一样的,模板函数 max1()一个程序相当于重载的两个 max2 函数。

【例 11.9】 求函数表达式 $f(x)=(a+b)/c$ 的值,处理除数为 0 的异常,要求在 try{} 程序块中调用一个可以抛出异常的函数。

首先,定义一个识别异常的类 YC。

```
class YC{};
```

定义可以抛出异常的函数 fe()。

```
void fe(double x)
{   if(x==0)   throw YC();
}
```

定义异常处理函数 fd()。

```
void fd(double a,double b,double c)
{   try{
        fe(c);
        cout<<"("<<a<<"+"<<b<<")/"<<c<<"="<< (a+b)/c<<endl;
    }
    catch(YC){cout<<"除数不可以为 0!"<<endl;}
}
```

设计主程序。

```
void main()
{   double a,b,c;
    a=4;b=6;c=0;
    cout<<"a="<<a<<",b="<<b<<",c="<<c<<endl;
    fd(a,b,c);
    a=3;b=5;c=4;
    cout<<"a="<<a<<",b="<<b<<",c="<<c<<endl;
    fd(a,b,c);
}
```

运行结果为：

```
a=4,b=6,c=0
除数不可以为 0！
a=3,b=5,c=4
(3+5)/4=2
```

11.3.2 解题分析

在例 11.8 中重载 max2() 时，应该注意重载函数的参数类型不能和原函数的参数类型完全相同，在这里 max2(int,int) 被重载为 max2(double,double)；例 11.8 的程序执行结果表明模板函数 max1() 的作用相当于被重载的函数 max2()，但是编写程序的工作量却比后者要小。

例 11.9 表明了处理例外的方法，在程序设计时，要充分考虑例外的发生，做出相应的处理。处理例外可以分为 4 步：

① 定义识别异常的类；
② 定义抛出异常的函数；
③ 定义异常处理函数；
④ 编写主程序。

11.3.3 小结

模板也叫做参数化的数据类型，有函数模板和类模板。函数模板的使用，使得程序能够用不同类型的参数调用相同的函数;类模板的使用,使得程序可以声明模板的多个不同类型的对象,这大大缩短了程序的长度,在某种程度上也增加了程序的灵活性。在使用模板时程序员不必关心所使用的每个对象的类型,而只要集中精力到程序的算法上面。虽然模板有着强大的功能,但是想要用好它也需要有丰富的编程经验,否则将会对程序的结构和执行效率带来负面的影响。

异常处理是C++的一个特点,它可以分为两大部分:一是异常的识别与抛出,二是异常的捕捉与处理。在程序中增加异常处理部分有利于程序的有效运行。

实训 11　建造数组模板和异常处理

1. 实训题目

(1) 用模板定义一个类,数据成员为一个组数以及数据的个数,成员函数包括求解该组数据的和,显示最大值与最小值,求解平均值等。

(2) 编写函数 f(double a,double b,double c)求函数表达式 $f(a,b,c)=\sqrt{a+b/c}$ 的值。

2. 实训要求

(1) 实现模板类的属性函数;
(2) 正确处理各种异常。

习　题　11

11.1　分别写出类模板和函数模板的声明语法。

11.2　设计一个求两个整数中的大数的函数 imax,设计一个求两个实数中的大数的函数 fmax,设计一个模板函数 max 求两个数中的大数。

11.3　试改写以下类,使它成为一个类模板。

```
class A{
        int size;
        double * p;
        double min;
        double max;
    public:
        A(double * p,int size);
        double min(double * );
        double max(double * );
        void dispMin();
```

```
        void dispMax();
};
```

11.4 使用函数模板改写以下程序。

```
#include<iostream.h>
int max(int a,int b)
{   if(a>=b)return a;
    else return b;
}
float max(float a,float b)
{   if(a>=b)return a;
    else return b;
}
double max(double a,double b)
{   if(a>=b)return a;
    else return b;
}
char max(char a,char b)
{   if(a>=b)return a;
    else return b;
}
void main()
{   int a1=3,a2=5;
    float b1=2.0,b2=4.5;
    double c1=4.3,c2=3.4;
    char d1='m',d2='p';
    cout<<"max(a1,a2)="<<max(a1,a2)<<endl;
    cout<<"max(b1,b2)="<<max(b1,b2)<<endl;
    cout<<"max(c1,c2)="<<max(c1,c2)<<endl;
    cout<<"max(d1,d2)="<<max(d1,d2)<<endl;
}
```

11.5 写出下列程序的执行结果。

```
#include<iostream.h>
class YC{};
void main()
{   int err=1;
    try{
        if(err){
            cout<<"发生异常,抛出异常!"<<endl;
            throw YC();
        }
        else cout<<"没有发生异常!"<<endl;
    }
```

```
    catch(YC)
    {
       cout<<"捕获异常,处理异常!"<<endl;
       return;
    }
    cout<<"正常结束!"<<endl;
}
```

11.6 写出下列程序的执行结果。

```
#include"stdafx.h"
#include<iostream.h>
class YC1{};
class YC2{};
void main()
{   int err=13;
    try{
      if(err>70){
          cout<<"发生异常,抛出异常1!"<<endl;
          throw YC1();
      }
      else if(err<20){
          cout<<"发生异常,抛出异常2!"<<endl;
          throw YC2();
      }
      else cout<<"没有发生异常!"<<endl;
    }
    catch(YC1)
    {
       cout<<"捕获异常,处理异常1!"<<endl;
       return;
    }
    catch(YC2)
    { cout<<"捕获异常,处理异常2!"<<endl;
       return;
    }
    cout<<"正常结束!"<<endl;
}
```

11.7 编写函数 f(double x,double y)求函数表达式 $f(x,y)=\sqrt{x-y}$ 的值,并能够处理各种异常。

11.8 编写函数 f(double x,double y,double z)求函数表达式 $f(x,y,z)=\sqrt{x-y}+\sqrt{y/z}$ 的值,并能够处理各种异常。

第 12 章　综合应用实例

在软件的整体设计思想上,面向对象与传统的结构化方法有着本质区别。大量的实例证明,采用面向对象的思想设计的程序在维护性和重用性方面明显优于采用结构化思想设计的程序。因此,采用面向对象的思维方式去分析问题,解决问题。面向对象分析问题的方法大致分为以下几个步骤:

(1) 根据用户需求进行具体分析;
(2) 建立对象模型,确定其属性和功能;
(3) 将公共部分抽取出来,形成类;
(4) 寻找类与类之间的联结。

下面以一个商场的员工信息登记系统为例来说明如何用面向对象方法分析问题,学会怎样使用C++语言编写实际程序。

12.1　商场员工信息登记系统

12.1.1　问题的描述

登记某个商场内所有员工的个人信息,计算每个员工的月薪,将结果存入记录文件。商场中主要有3类人员:经理、仓库管理员(简称库管)和售货员。需要记录的个人信息有姓名、内部编号和家庭住址。

每类员工计算月薪的方式如下:售货员的工资由两部分构成,固定工资加提成;经理的工资是也由固定工资加上办公费用,办公费用由当月的花费确定;库管员工资由固定工资和奖金构成,奖金由其当月表现确定。

12.1.2　类设计

在该例中,可以很容易地想到把每一类员工作为一种对象,为每个对象声明对应的一个类。因此,这 3 个类分别是 salesman 类(售货员)、warehouseman 类(库管员)和 manager 类(经理)。每个类中需要添加的属性和功能如表 12.1 所示。

表 12.1　类的属性与功能

类　　别	属　　性	功　　能
salesman 类（售货员）	姓名,内部编号,家庭住址,固定工资,月薪,当月销售额,提成比率	录入人员信息,计算月薪,显示人员信息
warehouseman 类（库管员）	姓名,内部编号,家庭住址,固定工资,月薪,当月奖金	录入人员信息,计算月薪,显示人员信息
manager 类（经理）	姓名,内部编号,家庭住址,固定工资,月薪,办公费用	录入人员信息,计算月薪,显示人员信息

从表 12.1 中不难看到,这 3 个类中有很多相同的属性和功能,因此,应当把这些公共部分抽取出来,构成一个基类,取个名字叫 employee 类(员工)。在员工类的基础上再派生出 salesman 类(售货员)、warehouseman 类(库管员)和 manager 类(经理)。有了基类 employee 类(员工),不仅存储了这 3 类人员的个人信息,更重要的是对个人信息可以进行统一的录入与显示。虽然每类人员计算月薪的具体方式是不同的,无法在基类 employee 类中使用相同的处理过程,但可以利用虚函数定义一个计算月薪的统一接口,具体的计算过程分别在 3 个派生类中重载实现。

表达上述思想的类如图 12.1 所示。

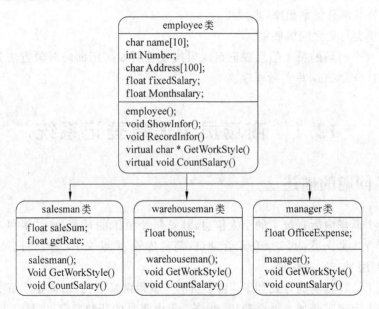

图 12.1　商场员工信息登记系统类图

12.1.3　源代码

程序的文档结构为：

```
employee.h              employee(员工)的类声明头文件
employee.cpp            包含 employee 类的实现代码
```

```
Salesman.h              Salesman(售货员)的类声明头文件
Salesman.cpp            包含 Salesman 类的实现代码
Warehouseman.h          Warehouseman(库管员)的类声明头文件
Warehouseman.cpp        包含 Warehouseman 类的实现代码
Manager.h               Manager(经理)的类声明头文件
Manager.cpp             包含 Manager 类的实现代码
EmployeeList.h          EmployeeList 类(员工链表)的类声明头文件
EmployeeList.cpp        包含 EmployeeList 类的实现代码
main.cpp                主程序
//**************************************************
//                   employee.h                    *
//**************************************************
#ifndef H_EMPLOYEE
#define H_EMPLOYEE
class employee                                      //基类(员工)
{
private:
    int number;                                     //员工编号
    char    Address[100];                           //家庭地址
protected:
    char name[30];                                  //员工姓名
    float fixedSalary;                              //固定工资
    float MonthSalary;                              //月薪
public:
    employee();                                     //构造函数,录入员工个人信息
    void ShowInfor();                               //显示员工个人及工资信息
    void RecordInfor(char  * pInfBuffer);           //将个人信息写入缓冲区
    //获得工作类别
    virtual    char * GetWorkStyle()=0;
    //计算员工工资的虚函数,因为只提供一个统一的接口,所以不需要添加任何实际的代码
    virtual void CountSalary()=0;
};
#endif
//**************************************************
//                   employee.cpp                  *
//**************************************************
#include"employee.h"
#include"iostream.h"
#include"stdio.h"
//构造函数,录入员工个人信息
employee::employee()
{
    cout<<endl;
    //录入员工姓名
```

```cpp
    cout<<"请输入员工姓名：";
    cin>>name;
    //录入员工编号
    cout<<"请输入员工编号(1000-9999):";
    cin >>number;
    //检查员工编号,保证编号正确
    while(number<1000 || number>9999 )
    {
        cout<<endl<<"员工编号应为四位整数,请重新输入：";
        cin>>number;
    }

    //录入家庭地址
    cout<<"请输入家庭地址：";
    cin >>Address;
    //默认初始月薪为零
    MonthSalary=0.0;
};
//显示员工个人及工资信息
void employee::ShowInfor()
{
    cout<<endl;

    //显示员工姓名
    cout<<"员工姓名："<<name<<endl;

    //显示员工编号
    cout<<"员工编号："<<number<<endl;

    //显示家庭地址
    cout<<"家庭地址："<<Address<<endl;

    //显示工作类别
    cout<<"工作类别："<<GetWorkStyle()<<endl;

    //显示月薪
    if(MonthSalary==0.0)
        cout<<"月薪：尚未计算"<<endl;
    else
        cout<<"月薪："<<MonthSalary<<endl;
};
//将个人信息写入缓冲区
void employee::RecordInfor(char * pInfBuffer)
{
```

```cpp
    int         j;
    j=sprintf(pInfBuffer,"员工姓名：%s\r\n",name);
    j+=sprintf(pInfBuffer+j,"员工编号：%d\r\n",number);
    j+=sprintf(pInfBuffer+j,"家庭地址：%s\r\n",Address);
    j+=sprintf(pInfBuffer+j,"工作类别：%s\r\n",GetWorkStyle());
    if(MonthSalary==0.0)
        j+=sprintf(pInfBuffer+j,"月薪：尚未计算\r\n\r\n");
    else
        j+=sprintf(pInfBuffer+j,"月薪：%f\r\n\r\n",MonthSalary);

}
//*******************************************
//             Salesman.h                   *
//*******************************************
#ifndef H_SALESMAN
#define H_SALESMAN
#include"employee.h"
//售货员类
class Salesman : public employee
{
private:
    float saleSum;                    //售货员的销售额
    float getRate;                    //售货员的提成比率
public:
    Salesman();                       //构造函数,录入售货员个人信息
    char * GetWorkStyle();            //获得工作类别
    void CountSalary();               //计算售货员的工资
};
#endif
//*******************************************
//             Salesman.cpp                 *
//*******************************************
#include"Salesman.h"
#include"iostream.h"
//构造函数,录入售货员个人信息
Salesman::Salesman()
{
    cout<<endl;
    //录入售货员的固定月薪
    cout<<"请输入售货员的固定月薪：";
    cin>>fixedSalary;

    //录入售货员的当月销售额
    cout<<"请输入售货员的提成比率";
```

```cpp
        cin>>getRate;
}
//获得工作类别
char * Salesman::GetWorkStyle()
{
        return"售货员";
}
//计算售货员的工资
void Salesman::CountSalary()
{
        //得到售货员的当月销售额
        cout<<"请输入售货员"<<name<<"的当月销售额"<<endl;
        cin >> saleSum;
        //工资=固定工资+营业额×提成比率
        MonthSalary=fixedSalary+ saleSum * getRate;
}
//***********************************************
//              warehouseman.h              *
//***********************************************
#ifndef H_WAREHOUSEMAN
#define H_WAREHOUSEMAN
#include"employee.h"
//库管员类
class Warehouseman : public employee
{
private:
        float bonus;                            //库管员的奖金
public:
        Warehouseman();                         //构造函数,录入库管员个人信息
        char * GetWorkStyle();                  //获得工作类别
        void CountSalary();                     //计算库管员的工资
};
#endif
//***********************************************
//              warehouseman.cpp            *
//***********************************************
#include"Warehouseman.h"
#include"iostream.h"
//构造函数,录入库管员个人信息
Warehouseman::Warehouseman()
{       cout<<endl;
        //录入库管员的固定月薪
        cout<<"请输入库管员的固定月薪:";
        cin>>fixedSalary;
```

```cpp
}
//获得工作类别
char * Warehouseman::GetWorkStyle()
{
    return"库管员";
}
//计算库管员的工资
void Warehouseman::CountSalary()
{
    //得到库管员的当月奖金
    cout<<"请输入库管员 "<<name<<"的当月奖金"<<endl;
    cin>>bonus;
    //工资=固定工资+当月奖金
    MonthSalary=fixedSalary+bonus;
}


//********************************************
//              Manager.h                    *
//********************************************
#ifndef H_MANAGER
#define H_MANAGER
#include"employee.h"
//经理类
class Manager : public  employee
{
private:
    float OfficeExpense;              //经理的办公费用
public:
    Manager();                        //构造函数,录入经理个人信息
    char * GetWorkStyle();            //获得工作类别
    void CountSalary();               //计算经理的工资
};
#endif
//********************************************
//              Manager.cpp                  *
//********************************************
#include"Manager.h"
#include"iostream.h"
//构造函数,录入经理个人信息
Manager::Manager()
{
    cout<<endl;
    //录入经理的固定月薪
    cout<<"请输入经理的固定月薪: "<<endl;
```

```cpp
        cin>>fixedSalary;
}
//获得工作类别
char * Manager::GetWorkStyle()
{
        return"经理";
}
//计算经理的工资
void Manager::CountSalary()
{
        //得到经理的当月办公费用
        cout<<"请输入经理"<<name<<"的当月办公费用"<<endl;
        cin>>OfficeExpense;
        //月薪=固定工资+当月办公费用
        MonthSalary=fixedSalary+OfficeExpense;
}


//*******************************************
//                EmployeeList.h           *
//*******************************************
#ifndef H_EMPLOYEELIST
#define H_EMPLOYEELIST
#include"employee.h"
#define         NULL            0
//定义一个包含员工类对象的节点结构
struct employeeNode{
        employee * pEmployee;
        employeeNode * pNext;
};
class EmployeeList
{
private:
        employeeNode * pEmpListRoot;          //员工类对象的链表的根指针
public:
        EmployeeList();
        //析构函数
        ~EmployeeList();
        //将一个包含员工类对象的节点添加到链表中
        void AddList(employee * pEmployee);
        //计算所有员工的月薪
        void CaculateAllSalary();
        //显示所有员工的详细信息
        void ShowAllInfo();
        //将所有员工的详细信息保存到记录文件上
```

```cpp
    void SaveAllRecord();
};
#endif
//*******************************************
//              EmployeeList.cpp         *
//*******************************************
#include"EmployeeList.h"
#include"iostream.h"
#include"fstream.h"
#include"stdio.h"
#include"string.h"
EmployeeList::EmployeeList()
{
    pEmpListRoot=NULL;
}
//将一个包含员工类对象的节点添加到链表中
void EmployeeList::AddList(employee * pEmployee)
{
    employeeNode * pEmpNode;
    pEmpNode=new employeeNode();
    pEmpNode->pEmployee=pEmployee;
    pEmpNode->pNext=pEmpListRoot;
    pEmpListRoot=pEmpNode;
}
//计算所有员工的月薪
void EmployeeList::CaculateAllSalary()
{
    employeeNode * pTempNode;
    //计算员工链表中所有员工的月薪
    pTempNode=pEmpListRoot;
    while(pTempNode)
    {
        pTempNode->pEmployee->CountSalary();
        pTempNode=pTempNode->pNext;
    }
}
//显示所有员工的详细信息
void EmployeeList::ShowAllInfo()
{
    employeeNode * pTempNode;
    //显示员工链表中所有员工的信息
    cout<<"所有员工的个人信息如下："<<endl;
    pTempNode=pEmpListRoot;
    while(pTempNode)
```

```cpp
        {
            pTempNode->pEmployee->ShowInfor();
            pTempNode=pTempNode->pNext;
        }
}
//将所有员工的详细信息保存到记录文件上
void EmployeeList::SaveAllRecord()
{
    ofstream myFile;
    char sAllBuffer[1000000]={0};
    char sSingleBuffer[1000]={0};
    int       j;
    myFile.open("info.txt",ios::app|ios::binary);
if(!myFile)
        {
            cerr<<"打开记录文件时出现错误!"<<endl;
            return;
        }
    employeeNode * pTempNode;
    //将所有员工的详细信息保存到记录文件上
    pTempNode=pEmpListRoot;
    while(pTempNode)
        {
            //保存一个员工信息
            pTempNode->pEmployee->RecordInfor(sSingleBuffer);
            //加入到总的字符串缓冲区中
            strcat(sAllBuffer,sSingleBuffer);
            pTempNode=pTempNode->pNext;
        }
    myFile.write(sAllBuffer,strlen(sAllBuffer));
    myFile.close();
}
EmployeeList::~EmployeeList()
{
    employeeNode * pTempNode;
    pTempNode=pEmpListRoot;
    while(pTempNode)
        {
            pEmpListRoot=pEmpListRoot->pNext;
            delete    pTempNode->pEmployee;
            delete    pTempNode;
            pTempNode=pEmpListRoot;
        }
}
```

```cpp
//*************************************
//              main.cpp              *
//               主程序                *
//*************************************
#include"stdlib.h"
#include"stdio.h"
#include"conio.h"
#include"employee.h"
#include"Salesman.h"
#include"Warehouseman.h"
#include"Manager.h"
#include"iostream.h"
#include"EmployeeList.h"
void main()
{
    char opr;                                          //操作项
    EmployeeList EL;
    employee * pEmployee;
    cout<<endl<<"========商场员工信息登记系统========"<<endl;
    while(true)                                        //建立循环操作
    {
        cout<<endl<<"请选择操作："<<endl;
        cout<<"1.添加一个售货员"<<endl;
        cout<<"2.添加一个库管员"<<endl;
        cout<<"3.添加一个经理"<<endl;
        cout<<"4.计算所有员工的月薪"<<endl;
        cout<<"5.显示所有员工的详细信息"<<endl;
        cout<<"6.保存并退出"<<endl;
        //检查用户输入
        while(opr!='1' && opr!='2' && opr!='3'&& opr!='4'&& opr!='5'&&
            opr!='6')
        {
            cout<<"您的输入有误,请重新输入!"<<endl;
            cin>>opr;
        }
        //读入用户的操作项
        cin>>opr;
        switch(opr)
        {
            //添加一个售货员
            case'1':
                pEmployee=new Salesman();
                EL.AddList(pEmployee);
```

```
            break;
        //添加一个库管员
        case '2':
            pEmployee=new Warehouseman();
            EL.AddList(pEmployee);
            break;
        //添加一个经理
        case'3':
            pEmployee=new Manager();
            EL.AddList(pEmployee);
            break;
        case '4':
            //计算员工链表中所有员工的月薪
            EL.CaculateAllSalary();
            break;
        case'5':
            //显示员工链表中所有员工的详细信息
            EL.ShowAllInfo();
            break;
        case '6':
            //将所有员工的详细信息保存到记录文件上,并退出
            EL.SaveAllRecord();
            return;
            break;
        default:
            break;
        }
    }
}
```

程序中除了使用上面设计的几个类之外,另外还设计了一个用于存储和操作员工类对象的链表类 EmployeeList,利用该类,可以很容易对创建的各类员工类对象进行相关的处理,其具体的设计请参看源代码。

主函数中采用 while 循环,接收用户的选择输入并根据输入值的不同进入不同的处理模块。首先输入各类人员的信息,建立对应的类对象,插入到链表中,统一的计算他们的月薪,最后将所有员工的详细信息保存到记录文件上。

12.2 小 结

面向对象程序设计思想的提出,使人们研制软件与分析客观世界的方法越来越一致。使用C++语言开发应用程序,应当注意面向对象思想的应用,在对系统的功能、结构、类与对象的合理划分与定义的基础上编码,应注意类与类之间的关系是否符合客观实际,函

数间的接口是否合理。从某种意义上说,开发C++程序的过程就是使用面向对象思想对现实世界进行分析、建模、再实现的过程。

C++语言是优秀的面向对象语言,而且C++语言是一门注重效率的语言,有着极大的灵活性。在编制程序时,综合应用C++语言的各种特性,可以编制出高效可靠的应用程序。

实训 12　仓库商品检查登记管理系统

实现一个简单的仓库商品检查登记管理系统。系统的主要功能是登记仓库中各种商品的具体情况并对其进行相应的检查,最终将检查结果存入记录档案中。仓库内有3种不同类型的商品:食品、衣服、电器,对它们的检查方式各不相同。

对于食品,要求根据保质期和进货时间检查它是否过期;对于服装,要求可以检查它是否属于当前时令服装,即冬天应该卖冬装,夏天应该卖夏装,如果不是本季的服装就应该削价处理。

参 考 文 献

[1] 郑莉,董渊. C++语言程序设计. 北京：清华大学出版社,2001.
[2] 张基温. C++程序设计基础. 北京：高等教育出版社,1996.
[3] 吕凤翥. C++语言基础教程. 北京：清华大学出版社,1999.
[4] 张国峰. C++语言及其程序设计教程. 北京：电子工业出版社,1997.
[5] 求实. Borland C++编程实例集锦. 北京：科学出版社,1994.
[6] Bruce Eckel. C++编程思想. 北京：机械工业出版社,2000.
[7] John Thomas Berry. C++程序设计技术与实践. 北京：学苑出版社,1994.
[8] Deitel H M,Deitel P J. C++程序设计教程. 北京：机械工业出版社,2000.
[9] Stephen R Davis. C++编程指南. 北京：电子工业出版社,1996.
[10] Bjarne Stroustrup. The C++ Programming Language. 北京：高等教育出版社,2001.
[11] 谭浩强. C++程序设计. 北京：清华大学出版社,2004.
[12] Walter Savitch 著. C++面向对象程序设计. 周靖译. 北京：清华大学出版社,2005.

读者意见反馈

亲爱的读者：

　　感谢您一直以来对清华版计算机教材的支持和爱护。为了今后为您提供更优秀的教材，请您抽出宝贵的时间来填写下面的意见反馈表，以便我们更好地对本教材做进一步改进。同时如果您在使用本教材的过程中遇到了什么问题，或者有什么好的建议，也请您来信告诉我们。

　　地址：北京市海淀区双清路学研大厦 A 座 602 室　计算机与信息分社营销室　收
　　邮编：100084　　　　　　　　　　　　电子邮件：jsjjc@tup.tsinghua.edu.cn
　　电话：010-62770175-4608/4409　　　　邮购电话：010-62786544

教材名称：C++程序设计（第 2 版）
ISBN：978-7-302-18462-1
个人资料
姓名：_____　年龄：_____　所在院校/专业：_____
文化程度：_____　通信地址：_____
联系电话：_____　电子信箱：_____
您使用本书是作为：□指定教材　□选用教材　□辅导教材　□自学教材
您对本书封面设计的满意度：
□很满意　□满意　□一般　□不满意　改进建议_____
您对本书印刷质量的满意度：
□很满意　□满意　□一般　□不满意　改进建议_____
您对本书的总体满意度：
从语言质量角度看　□很满意　□满意　□一般　□不满意
从科技含量角度看　□很满意　□满意　□一般　□不满意
本书最令您满意的是：
□指导明确　□内容充实　□讲解详尽　□实例丰富
您认为本书在哪些地方应进行修改？（可附页）
_____
_____
您希望本书在哪些方面进行改进？（可附页）
_____
_____

电子教案支持

敬爱的教师：

　　为了配合本课程的教学需要，本教材配有配套的电子教案（素材），有需求的教师可以与我们联系，我们将向使用本教材进行教学的教师免费赠送电子教案（素材），希望有助于教学活动的开展。相关信息请拨打电话 010-62776969 或发送电子邮件至 jsjjc@tup.tsinghua.edu.cn 咨询，也可以到清华大学出版社主页（http://www.tup.com.cn 或 http://www.tup.tsinghua.edu.cn）上查询。